KB078962

세상에서 가장 쉬운 과학 수업

양자혁명

세상에서 가장 쉬운 과학 수업

양자혁명

초판 1쇄 발행 2023년 8월 21일
초판 2쇄 발행 2024년 9월 25일

지은이 정완상
펴낸이 이성림
펴낸곳 성림북스

책임편집 이양이
디자인 쏘울기획

출판등록 2014년 9월 3일 제25100-2014-000054호
주소 서울시 은평구 연서로3길 12-8, 502
대표전화 02-356-5762
팩스 02-356-5769
이메일 sunglimonebooks@naver.com

ISBN 979-11-88762-97-2 03420

노벨상 수상자들의 오리지널 논문으로 배우는 과학

세상에서 가장 쉬운 과학 수업

양자혁명

정완상 지음

플랑크의 양자 입자에서 아인슈타인의 광전효과까지

반도체 · 초전도체 원리의 시작, 양자론 속으로

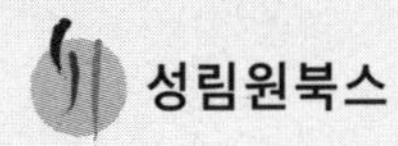

CONTENTS

추천사 008

천재 과학자들의 오리지널 논문을 이해하게 되길 바라며 015

세상을 뒤바꾼 역학이론의 탄생_펜지어스 박사 깜짝 인터뷰 017

첫 번째 만남

양자론의 아버지, 플랑크 / 023

눈에 보이지 않는 힘을 탐구한 헬몬트_공기가 여러 가지 기체라고? 024

토리첼리의 실험_공기에도 무게가 있다고? 025

의심 많은 화학자 보일_기체의 압력과 부피의 관계를 밝히다 028

샤를의 법칙_처음으로 기구를 타고 하늘을 날다 031

공기의 성분을 발견한 과학자들_눈에 보이지 않는 기체의 발견 035
돌턴의 원자 이야기_기체 분자설 046
분자설의 주인공 아보가드로_모든 기체의 분자의 수는? 050

두 번째 만남
열역학의 영웅들 / 053

기체운동론의 선구자 줄_신혼여행에서도 이어진 실험 054
열역학 제1법칙의 탄생_무더운 날 냉커피가 점점 뜨거워지는 이유는? 059
엔트로피와 열역학 제2법칙_열은 뜨거운 곳에서 차가운 곳으로 이동한다 064
열역학 제1법칙과 제2법칙의 연결_편미분의 이용 069
조합의 수_경우의 수를 헤아리는 4가지 방법 076
통계역학의 개척자 볼츠만_엔트로피를 확률과 통계에서 찾다 083
볼츠만 인자의 탄생_에너지가 무한대로 가면 0이 된다 097

세 번째 만남
흑체복사의 영웅들 / 103

일곱 개의 빛_우리 눈에 보이는 빛의 원리 104
프라운호퍼, 분광학의 문을 열다_스펙트럼 흡수선의 발견 111
키르히호프의 법칙_빛의 흡수와 방출의 비는 일정하다 114
슈테판, 열복사의 신비를 풀다_지구가 뜨거워지는 이유 118

전쟁으로 탄생한 빈의 공식_물체의 색은 어떻게 결정될까? 122
빈, 보라 공식을 찾다_파장이 짧은 빛 127
레일리-진즈의 빨강공식_실험적 그래프를 수식으로 풀다 131
플랑크의 양자혁명_완벽한 이론으로 불완전함을 이기다 148

네 번째 만남
플랑크의 논문 속으로 / 155

팩토리얼과 적분의 연결_부분적분의 활용 156
스털링 근사식_매우 큰 N으로 공식을 세우다 160
오일러가 푼 제타함수와 소수 관계_무한급수의 합에 도전하다 164
플랑크의 기묘한 가설_새로운 알갱이의 탄생 171
양자 시대의 서막_플랑크상수를 파헤치다 183

다섯 번째 만남
광자의 존재를 알아낸 과학자들 / 191

아인슈타인, 플랑크 논문을 완성하다_광전효과를 설명하다 192
콤프턴 효과_양자의 존재를 밝힌 강력한 한 방 198

만남에 덧붙여 / 215

On an Improvement of Wien's Equation for the Spectrum_플랑크 1 논문 영문본 216
On the Theory of the Energy Distribution Law of the Normal Spectrum_플랑크 2 논문 영문본 219
On the Law of the Energy Distribution in the Normal Spectrum_플랑크 3 논문 영문본 227
A Quantum Theory of the Scattering of X-rays by Light Elements_콤프턴 논문 영문본 238
위대한 논문과의 만남을 마무리하며 258
이 책을 위해 참고한 논문들 260
수식에 사용하는 그리스 문자 265
노벨 물리학상 수상자들을 소개합니다 266

과학을 처음 공부할 때 이런 책이 있었다면 얼마나 좋았을까

남순건(경희대학교 이과대학 물리학과 교수 및 전 부총장)

21세기를 20여 년 지낸 이 시점에서 세상은 또 엄청난 변화를 맞이하리라는 생각이 듭니다. 100년 전 찾아왔던 양자역학은 반도체, 레이저 등을 위시하여 나노의 세계를 인간이 이해하도록 하였고, 120년 전 아인슈타인에 의해 밝혀진 시간과 공간의 원리인 상대성이론은 이 광대한 우주가 어떤 모습으로 만들어져 왔고 앞으로 어떻게 진화할 것인가를 알게 해주었습니다. 게다가 우리가 사용하는 모든 에너지의 근원인 태양에너지를 핵융합을 통해 지구상에서 구현하려는 노력도 상대론에서 나오는 그 유명한 질량-에너지 공식이 있기에 조만간 성과가 있을 것이라 기대하게 되었습니다.

앞으로 올 22세기에는 어떤 세상이 될지 매우 궁금합니다. 특히 인공지능의 한계가 과연 무엇일지, 또한 생로병사와 관련된 생명의 신비가 밝혀져 인간 사회를 어떻게 바꿀지, 우주에서는 어떤 신비로움이 기다리고 있는지, 우리는 불확실성이 가득한 미래를 향해 달려가고 있습니다. 이러한 불확실한 미래를 들여다보는 유리구슬의 역할을 하는 것이 바로 과학적 원리들입니다.

지난 백여 년 간의 과학에서의 엄청난 발전들은 세상의 원리를 꿰뚫어 보았던 과학자들의 통찰을 통해 우리에게 알려졌습니다. 이런 과학 발전의 영웅들의 생생한 숨결을 직접 느끼려면 그들이 썼던 논문들을 경험해 보는 것이 좋습니다. 그런데 어느 순간 일반인과 과학을 배우는 학생들은 물론 그 분야에서 연구를 하는 과학자들마저 이런 숨결을 직접 경험하지 못하고 이를 소화해서 정리해 놓은 교과서나 서적들을 통해서만 접하고 있습니다. 창의적인 생각의 흐름을 직접 접하는 것은 그런 생각을 했던 과학자들의 어깨 위에서 더 멀리 바라보고 새로운 발견을 하고자 하는 사람들에게 매우 중요합니다.

저자인 정완상 교수가 새로운 시도로서 이러한 숨결을 우리에게 전해주려 한다고 하여 그의 30년 지기인 저는 매우 기뻤습니다. 그는 대학원생 때부터 당시 혁명기를 지나면서 폭발적인 발전을 하고 있던 끈 이론을 위시한 이론 물리 분야에서 가장 많은 논문을 썼던 사람입니다. 그리고 그러한 에너지가 일반인들과 과학도들을 위한 그의 수많은 서적들을 통해 이미 잘 알려져 있습니다. 저자는 이번에 아주 새로운 시도를 하고 있고 이는 어쩌면 우리에게 꼭 필요했던 것일 수 있습니다. 대화체로 과학의 역사와 배경을 매우 재미있게 설명하고, 그 배경 뒤에 나왔던 과학의 영웅들의 오리지널 논문들을 풀어간 것입니다. 과학사를 들려주는 책들은 많이 있으나 이처럼 일반인과 과학도의 입장에서 질문하고 이해하는 생각의 흐름을 따라 설명한 책은 없습니다. 게다가 이런 준비를 마친 후에 아인슈타인 등의 영웅들의 논문을 원래의 방식과 표기를 통해 설명하는 부분은 오랫동안 과학을 연구해온 과학자에게도 도움을 줍니다.

이 책을 읽는 독자들은 복 받은 분들일 것이 분명합니다. 제가 과학을 처음 공부할 때 이런 책이 있었다면 얼마나 좋았을까 하는 생각이 듭니다. 정완상 교수는 이제 새로운 형태의 시리즈를 시작하고 있습니다. 독보적인 필력과 독자에게 다가가는 그의 친밀성이 이 시리즈를 통해 재미있고 유익한 과학으로 전해지길 바랍니다. 그리하여 과학을 멀리하는 21세기의 한국인들에게 과학에 대한 붐이 일기를 기대합니다. 22세기를 준비해야 하는 우리에게는 이런 붐이 꼭 있어야 하기 때문입니다.

물리학적 사고 성장사의 경험을 한번에 정리한 책

이동흔((전) 전국수학교사모임 회장, 마이폴학교 교감)

자연과학이 다루는 영역이 확대되고 관찰 지식이 정밀화되면서 완벽해 보였던 뉴턴 역학에서도 오류와 한계가 드러났다. 흑체 복사나 수성의 근일점 이동 상황에서 뉴턴 역학이 설명하지 못하는 일이 발생하였지만, 상대성이론과 양자역학이 그 의문을 하나씩 해결해 나갔다. 뉴턴 역학은 천천히 움직이는 거시적인 물체에 적용되는 이론으로, 상대성이론은 빠르게 움직이는 물체에서 적용되는 이론으로, 양자역학은 미세한 전자의 세계에 적용되는 이론으로 자리잡았다. 이 시기에 양자역학 관련 이론이 시차를 두고 등장하게 되었고, 이 이론들의 전후 관계를 통해 양자역학은 점점 제 모습을 갖춰 나갔다.

사실 양자역학은 원자를 구성하는 전자 연구에서 심화하여 발행한 학문이다. 막스 플랑크가 처음 양자 개념을 정의하였고, 보어는 전자를 정상상태와 양자도약으로 나눠 전자 모형을 서술하였다. 그러나 어떤 누구도 전자 궤도가 일정한 간격을 갖고 등장하는 현상을 이해하지 못했다. 나중에 하이젠베르크를 통해 정상상태에서 다른 정상상태로 양자 도약하는 현상에 대한 수학적 통찰을 얻게 되며 양자 도약의 형식적 의미를 통계적 관점으로 이해하게 되었다.

그는 “거시세계의 연속성이 미시세계에도 동일하게 존재해야 할까?”라는 의심을 갖고, 어느 정상상태에서 다른 정상상태로 부드럽게 연결된 전자의 속도와 위치에 대한 연속적인 정보를 묻지 말고, 일정 정상상태에서 다른 정상상태로 오가는 확률 기반의 특정 숫자 행렬로 원자 모형을 확인해야 한다는 의견(불확정성의 원리)을 제시했다. 즉, 입자의 위치나 운동량이 아닌 다른 것에 집중하자는 것이다. 그는 양자도약에 대한 측정 행위(관찰 행위)가 전자에 영향을 주어, 전자에 대한 정확한 정보를 확인할 수 없다(코펜하겐 해석)고 여겨 수학적 결정론을 폐기하고, 확률적 예측 가능성을 기반으로 해석된 것을 믿었다. 거시세계의 경험과 관측 방식이 미시세계에 동일하게 적용될 수 없기 때문에 새로운 상대론적 현상학으로 양자 세계를 연구하자는 것이었다.

모든 사물 속에 녹아 있는 역학
↓
작은 사물의 조각 속에 녹아 있는 역학
↓
전자의 움직임 속에 녹아 있는 역학
↓
연속성과 불연속성이 공존하는 역학

전자를 측정하려 시도하면, 전자의 움직임이 이해할 수 있는 모습으로 해석되고, 전자를 측정하지 않고 그대로 두면, 공간 어디에서도 예측할 수 없는 모습으로 해석된다. 사실 아인슈타인은 마지막까지 코펜하겐 해석을 수용하지 않고 숨은 변수이론을 제시해 양자역학의 수학적 해석 가능성을 신뢰했다.

> 전자의 위치를 정확히 이해할 수 있는 제삼의 숨은 변수가 존재하고, 그것을 인류가 찾으면, 모든 전자의 운동을 해석할 수 있다. 아인슈타인은 상자 속 시계 이론을 제시했다.
>
> (숨은 변수 이론)

> 상자 속에 전자가 존재하면, 전자는 상자 속 모든 곳에 존재한다. 상자 속을 열어보면 파동이 붕괴되어 오직 한 곳에 전자가 존재하는 것으로 보이게 된다.
>
> (코펜하겐 해석)

이렇게 복잡한 것만 같은 과정에서 물리학적 사고 성장사의 경험을 한 번에 정리한 책이 있을까? 바로 이 책의 논문을 통해 강렬한 호기심을 경험할 수 있고, 과학과 수학의 발전 과정에서 찾아오는 호기심이 어우러져 양자역학이 완성되는 과정을 자세히 탐구할 수 있다.

이 책은 양자 시대를 연 플랑크의 논문과 이 논문이 발표될 당시의 국제사회의 물리학적 성장 배경 및 사회·문화적 상황을 들여다볼 수 있을 뿐만 아니라 수학 형식과 과학적 사고를 할 수 있도록 한다. 또한 초기 양자론에서 고전역학 중심의 양자역학 이론을 정리한 물리학 발전사의 성장 기록임을 주목해야 한다.

과학사 연구에는 물리학사, 수학사, 화학사의 구분이 없다. 물리적 상황으로 해석되는 거시적 대상을 미시적 상황으로 관찰하면 화학 이론이 적용되고, 다시 더 작은 세계로 좁히면, 다시 물리학의 세계로 전환된다. 이 과정을 연결하는 도구는 항상 수학이 되었다. 그래서 물리학과 수학, 화학이 하나로 연결된 순환선 상에 양자역학이 존재한다. 그렇기에 이 책에서는 매우 다양한 예시를 통해 수학과 물리학의 연결성과 화학과 물리학의 연결성을 유지하며 양자역학 이론을 소개한다. 양자역학의 역사는 수리과학 및 자연과학의 통합적 발전사이다. 이 책을 통해 독자들이 양자역학의 본질의 한 부분(코펜하겐 해석을 제외한 수학적 형식 기반의 이론)을 온전히 이해하는 계기가 되길 소망한다.

천재 과학자들의 오리지널 논문을 이해하게 되길 바라며

저는 그동안 초등학생을 위한 과학, 수학 도서를 써왔습니다. 초등학생을 위한 책을 쓰면서 즐거움도 많았지만, 한편으로 수학을 사용하지 못하는 점이 아쉬웠습니다. 그래서 일반인 대상의 과학책을 시리즈로 기획하며 고등학교 수학이 기억나는 사람이라면 누구나 보고 이해할 수 있는 내용의 책을 쓰고 싶었습니다.

또 제가 외국인들과 대화하며 놀랐던 것은 그들은 과학을 무척 재미있게 배웠다는 점입니다. 그래서인지 과학 지식도 상당히 높고 실제로 그 나라에서 노벨과학상도 많이 배출되었습니다. 그러나 우리나라는 아직 노벨과학상 수상자가 나오지 않았고, 대부분의 사람이 과학은 어려운 것이라는 인식이 있는 것 같아 안타까운 마음이 들 때가 많습니다. 과학이야말로 우리 실생활과 밀접하게 연결되어 있어서 아주 쉽고 재미있게 배울 수 있는 데 말입니다.

이 책에서는 양자론의 첫 번째 논문(1900년 플랑크 논문)을 다루었습니다. 플랑크가 1900년에 발표한 몇 편의 논문은 1901년에 완성된 형태로 새로운 논문에 통합되었습니다. 그래서 이 책은 '종합편'이라고 할 수 있는 1901년 논문을 다루었습니다. 플랑크의 논문은 흑체복사 실험의 해석에서부터 시작되어 양자라는 입자를 가정해 흑체 속의 광자들이 방출하는 복사에너지를 알아내는 데 성공했습니다.

이 논문을 이해하려면 열역학과 통계물리학의 개념이 필요합니다. 이 책에서는 대학에서 배우는 열역학과 통계물리를 처음 접하는 일반 독자를 위해 고등학교 수학만으로도 논문을 이해할 수 있도록 내용을 담았습니다.

이 시리즈로 많은 사람이 과학에 좀 더 관심을 갖고 과학 수준도 높아지는 계기가 되었으면 좋겠습니다. 특히 선행학습을 하는 과학 영재나 일반 학생들에게 물리 논문을 소개해 주고 싶은 과학 선생님, 양자 관련 소자나 양자 암호시스템과 같은 일에 종사하는 직장인, 우주 이론을 통해 '인터스텔라'와 같은 영화를 만들고 싶어 하는 영화 제작자 등 과학에 관심 있는 사람이라면 이 시리즈가 도움이 될 것입니다.

마지막으로 이 책을 쓰기 위해 필요한 프랑스 논문의 번역을 도와준 아내에게 감사를 전합니다. 수식이 많아 출판사들이 꺼릴 것 같은 원고를 용기를 내어 출간 결정을 해 준 성림원북스의 이성림 사장님과 직원분들에게도 고맙습니다. 이 책을 쓸 수 있도록 멋진 논문을 만든 아인슈타인 박사님에게도 감사를 드립니다.

진주에서 정완상 교수

세상을 뒤바꾼 역학이론의 탄생

_ 펜지어스 박사 깜짝 인터뷰

과감하게 도전한 노력파 플랑크

기자 오늘은 1900년 플랑크 박사님의 양자론 논문으로 노벨 물리학상을 받으신 펜지어스 박사님과 인터뷰를 진행하겠습니다. 펜지어스 박사님 나와 주셔서 고맙습니다.

펜지어스 제가 가장 존경하는 과학자 플랑크 박사님의 논문에 관한 내용이라 만사를 제치고 달려왔습니다.

기자 플랑크 박사님을 양자론의 창시자라고 부르는 이유가 뭘까요?

펜지어스 고전 물리로 설명될 수 없는 기묘한 성질을 지닌 양자라는 입자의 존재를 처음으로 주장했기 때문입니다. 양자라는 입자는 고전 물리학의 입자와는 다르게 불연속적인 에너지가 허용되는 신기한 성질을 지니고 있습니다. 플랑크 박사님으로부터 양자라는 이름이 시작되었으니 그를 양자의 창시자라고 부르는 것은 당연하겠죠.

기자 플랑크 박사님은 양자론 아이디어를 어떻게 떠올린 건가요?

펜지어스 박사님은 올바른 이론을 만들기 위해 흑체복사 실험 결과를 여러 번 보았습니다. 그는 실험과 맞는 흑체복사 공식을 만들기 위해 엄청난 계산도 마다하지 않았고, 빈의 계산이 왜 잘못 되었는지를 생각했습니다. 또 레일리와 진즈의 논문을 보면서 왜 빈의 공식과 레일리 진즈 공식이 잘 맞지 않는가를 계속 생각했습니다. 세계적인 이론 물리학자들이 그렇듯 플랑크 박사님도 엄청난 노력파입니다. 그가 쓴 논문들은 엄청난 양의 수학 계산이 필요합니다. 이렇듯 많은 위대한 과학자들이 노력파라는 점을 알려드리고 싶네요.

기자 그렇군요.

1900년 양자론의 역사적 중요성

기자 플랑크 박사님의 1900년 양자론 논문이 왜 역사적으로 중요한가요?

펜지어스 네, 바로 이 논문으로 인해 갈릴레이와 뉴턴이 완성한 역학 이론이 무너지게 되었기 때문입니다. 새로운 역학 이론이 탄생한 것이죠. 갈릴레이와 뉴턴의 물리학이 연속적인 에너지를 허용하는 반면, 플랑크 박사님의 양자는 불연속적인 에너지만을 허용합니다. 이러한 기묘한 성질을 가진 입자는 뉴턴의 물리학에서는 상상할 수 없었습니다. 그래서 입자라는 단어 대신 '양자'라는 단어를 사용하게 된 것이지요. 여기에 대부분의 과학자들은 빛은 전자기파라는 파동으로만 여겨서 이 사실에 반기를 들지 않았는데 플랑크 박사님은 용기를 내서 빛을 양자로 간주하는 가설을 세웠습니다.

기자 플랑크 박사님의 논문에 가장 큰 영향을 준 것은 무엇인가요?

펜지어스 플랑크 박사님은 열역학과 통계역학을 열심히 공부한 성실한 이론물리학자였습니다. 그의 초기 논문이 열역학에 관련된 것이었으니까요. 플랑크 박사님에게 가장 큰 영향을 준 것은 빈의 흑체복사 실험이었습니다. 빈과 레일리와 진즈의 틀린 시도가 플랑크 박사님에게 새로운 가설을 세울 수 있는 동기를 부여한 것이죠. 누구나 정설이라고 믿는 이론이 진실이 아닐 수 있다며 새로운 가설을 세울 수 있는 것도 용기이니까요. 저도 이론물리학을 하려는 학생들에게 교재는 어디까지나 참고이다. 그것이 모두 진실이 아닐 수 있다. 만일 그동안의 물리 법칙에 의심이 들면 과감하게 도전하라고 이야기합니다.

플랑크 박사의 1900년 양자론 논문 속으로

기자 플랑크 박사의 1900년 양자론 논문에는 어떤 내용이 담겨 있나요?

펜지어스 바로 빛이 광자라는 알갱이로 이루어져 있고, 광자가 가질 수 있는 에너지가 어떤 최소 에너지의 정수배가 된다고 가정합니다. 이 두 가지 가정을 통해 플랑크 박사님은 광자로 채워져 있는 흑체에 대한 엔트로피를 계산합니다. 그 일은 박사님이 가장 자신 있는 열역학 계산이었습니다. 바로 흑체 속의 광자 수가 아주 많다는 가정하에서 스털링 근사를 써서 엔트로피를 멋지게 표현합니다. 엔트로피와 에너지의 관계를 이용해 플랑크 박사님은 흑체 속에 진동수가 ν인 광자의 복사에너지 밀도를 계산합니다. 흑체복사의 실험과 비교하여 박사님은 진동수가 ν인 광자가 가질 수 있는 에너지는 $h\nu$가 되며 이 광자가 가질 수 있는 에너지는 $h\nu$의 정수배만이 가능하다는 놀라운 결과를 도출합니다. 여기서 h를 플랑크 상수라고 부릅니다. 이것이 바로 허용 가능한 에너지가 불연속적으로 주어지는 양자의 탄생입니다.

기자 광자도 양자의 한 종류군요.

펜지어스 그렇습니다. 고전역학을 따르지 않은 입자를 양자로 생각하면 됩니다. 빛을 이루는 양자를 광자라고 부릅니다.

기자 플랑크 상수를 발견한 이야기는 뭐죠?

펜지어스 플랑크 박사님은 흑체 속에 있는 모든 진동수의 광자들이 가진 총 복사에너지를 계산하고 스테판-볼츠만의 법칙과 빈의 법칙과 비교하여 플랑크 상수의 값을 구합니다. 우리가 흔히 '양자상수'라고 부르는 상수이지요. 게다가 그는 열역학의 영웅들이 그 값을 결정하지 못했던 볼츠만 상수의 값도 결정하게 됩니다. 두 개의 중요한 상수를 결정하게 된 것이지요.

플랑크 박사의 1900년 양자론 논문이 일으킨 파장

기자 플랑크 박사님의 1900년 논문은 어떤 변화를 불러왔나요?

펜지어스 이 논문 이후에 뉴턴의 역학은 양자역학으로 수정됩니다. 플랑크 박사님의 양자론 덕분에 보어는 올바른 원자모형을 만들게 되고, 슈뢰딩거와 하이젠베르크는 양자역학을 탄생시킵니다. 뿐만 아니라 핵물리학, 소립자물리학도 양자론을 기본으로 채택하게 되고, 고체물리학 역시 양자론의 개념을 받아들이게 됩니다. 반도체의 원리나 초전도체의 원리와 같은 고체물리학의 신기한 현상들 역시 양자론에서 시작되었습니다.
플랑크 박사님의 논문은 양자 시대를 여는 문이었습니다. 박사님의 논문 이후에는 모든 물리학이 양자의 개념을 담게 됩니다. 최근의 양자광학이나 양자정보이론과 같은 물리학 역시 양자의 개념에서 출발하게 됩니다.

기자 엄청나게 중요한 역할을 했군요.

펜지어스 저는 플랑크 박사님의 논문 덕분에 우주의 온도를 측정할 수 있었고 그 업적으로 노벨 물리학상을 받을 수 있었습니다.

기자 어떤 내용이죠?

펜지어스 바로 빅뱅 우주론의 흔적을 찾으려고 한 것입니다. 우주가 빅뱅으로부터 138억 년 동안 팽창해 왔다면 우주의 온도는 굉장히 낮아질 거라는 생각이었지요. 나와 동료 연구자 윌슨은 우주의 온도를 측정하는 방법을 세우고, 그때 플랑크 박사님의 흑체복사 곡선을 사용했습니다. 우리는 플랑크 박사님의 흑체복사 곡선으로 우주의 현재 온도가 영하 270도 정도라는 것을 알아냈습니다.

기자 그렇군요. 지금까지 플랑크 박사님의 양자론 논문에 대해 펜지어스 박사님과 이야기 나누었습니다.

첫 번째 만남

●

양자론의 아버지, 플랑크

눈에 보이지 않은 힘을 탐구한 헬몬트 _ 공기가 여러 가지 기체라고?

정교수 플랑크의 논문을 읽어봤나?

물리군 끙. 무슨 말인지 모르겠어요.

정교수 이 책을 끝까지 읽으면 이해하게 될 거네. 긴 여행이 될 테니 인내심을 가지고 따라오게.

물리군 네!

정교수 플랑크의 논문은 양자라는 기묘한 입자의 첫 등장을 알리는 위대한 논문이지. 이 논문을 이해하기 위해서는 먼저 기체의 성질에 대해 알아야 한다네.

물리군 물질은 고체, 액체, 기체 상태로 존재한다고 배웠어요.

정교수 맞네. 그중 기체라는 이름을 처음 사용한 과학자는 벨기에의 헬몬트네. 헬몬트에 대해서 알아보겠네.

헬몬트는 벨기에 뢰븐(Leuven)에서 교육을 받았으며 1599년 의학 학위를 취득했다. 1605년 대역병이 돌던 때는 앤트워프에서 수련 생활을 거쳤으며 이후 『역병에 관하여』라는 책을 폈다. 1609년 의학 박사 학위를 받았고, 같은 해에는 부유한 귀족 가문의 마가렛과 결혼했다. 헬몬

헬몬트(Jan Baptist van Helmon, 1580~1644)

트는 아내의 유산 덕분에 의사 일을 일찍 접었다.

그는 1644년 12월 30일 생을 마감할 때까지 자신이 좋아하는 화학 실험에 몰두했는데 특히 실험을 중시했다. 물질이 연소할 때 공기와 다른 종류의 물질이 나온다는 것을 알아냈고, 연소로 발생하는 연기를 물질로 생각해 '혼돈'이라는 뜻을 가진 그리스어(χᾰ́ος, chaos)인 기체라는 이름을 붙였다. 그는 숯을 태울 때 나오는 기체가 포도즙을 발효시키면서 생성되는 것과 같다는 것을 알아낸 것이다. 헬몬트는 공기와 물을 두 가지 기본 원소로 생각했다.

토리첼리의 실험 _ 공기에도 무게가 있다고?

정교수 우리 주변에서 가장 흔한 기체는 뭔가?

물리군 공기죠.

정교수 공기도 무게를 가지고 있다네. 낙하 법칙으로 유명한 이탈리아의 갈릴레이는 공기에 무게가 있다고 처음으로 주장했지.

물리군 공기의 무게를 어떻게 잴 수 있나요?

정교수 바로 그 문제를 해결한 사람이 토리첼리지.

토리첼리의 아버지는 섬유 노동자였고 집은 매우 가난했다. 그는 1624년에 파엔자에 있는 예수회 대학에 입학해 수학과 철학을 공부했다. 1626년 토리첼리는 로마의 사피엔자(Sapienza) 대학에서 수력

토리첼리(Evangelista Torricelli, 1608~1647)

을 연구하던 카스텔리 교수의 지도로 수학과 과학을 공부했다. 1626년부터 1632년까지 토리첼리는 카스텔리의 조수로 일했다.

갈릴레이를 존경했던 토리첼리는 1632년에서 1641년 사이에 투사체의 경로에 대한 논문을 자택연금 상태였던 갈릴레이에게 보냈다. 그의 논문을 읽어본 갈릴레이는 그를 만나려고 초청장을 보냈지만 토리첼리의 어머니가 돌아가시는 바람에 갈릴레이를 만나러 갈 수 없었다. 얼마 뒤 갈릴레이가 죽었기 때문에 토리첼리와 갈릴레이의 만남은 끝내 이루어지지 않았다.

토리첼리는 공기가 무게를 가지고 있으므로 그 힘을 액체에 작용될 것이라고 생각했다. 그는 한쪽 끝은 막혀 있고 다른 쪽 끝은 열려 있는 1.2m 유리관에 수은을 가득 넣었다. 그런 다음 손가락으로 열린 끝을 막고 뒤집어 손가락을 떼었다. 그러자 수은 일부가 유리관에서 내려와 용기 속을 채우고 유리관 안의 수은은 76cm 높이에서 멈

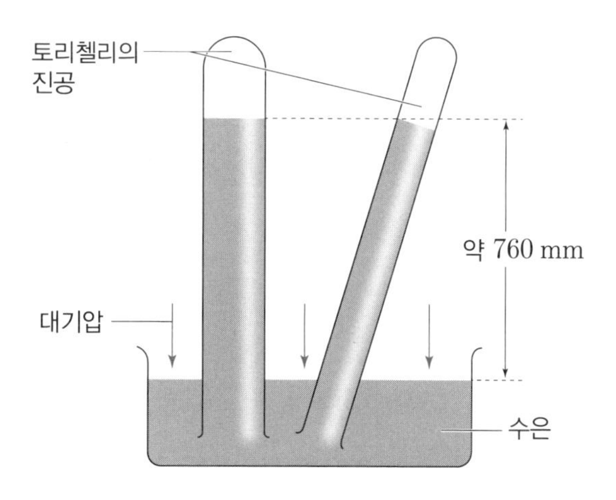

추었다.

토리첼리는 공기가 수은을 누르는 힘 때문에 수은이 압력을 받는다고 생각했다. 압력은 힘을 넓이로 나눈 값으로 공기가 누르는 압력을 '대기압'이라고 부른다. 토리첼리는 공기가 유리관 밖의 수은이 표면에 압력을 작용하기 때문에 유리관 안의 수은이 위로 올라간다고 생각했다.

유리관 안 수은의 꼭대기에는 아무것도 존재하지 않기 때문에 그곳이 바로 진공이다. 수은이 76cm 높이에서 멈춘 것은 공기가 누르는 압력과 평형을 이루는 수은 기둥의 높이가 76cm이기 때문이다.

의심 많은 화학자 보일 _ 기체의 압력과 부피의 관계를 밝히다

정교수 기체는 자유롭게 퍼져 나가는 성질이 있기 때문에 기체를 연구하려면 용기 속에 기체를 모아 두어야 하네.

물리군 풍선 속에 공기를 불어 넣은 것처럼 말인가요?

정교수 그렇다네. 그래서 기체를 이야기할 때는 기체가 담겨 있는 용기의 부피를 꼭 생각해야 하지. 앞으로 기체의 부피는 기체가 담겨 있는 용기의 부피로 생각하겠네. 앞으로 부피(Volume)는 영어 앞 글자를 따서 V라고 쓰겠네. 용기 속의 기체는 팽창할 수도 있고 수축할 수도 있네. 이것은 기체가 용기에 힘을 작용하기 때문이지. 이때 이 힘을 힘이 작용한 넓이로 나눈 것이 압력이네. 압력(Pressure)은 P라고 쓰겠네.

물리군 기체의 압력과 부피 사이에 어떤 관계가 있나요?

정교수 그걸 알아낸 과학자가 영국의 보일이지. 보일에 대해 알아보겠네.

보일(Robert Boyle, 1627~1691)

보일은 백작 가문에서 태어나 어릴 때부터 부유하게 자랐다. 보일은 어릴 때부터 신동 소리를 들었고 8살에는 영재들이 다니는 이튼 학교에 입학했다.

보일은 14살 때 이탈리아에 있는 갈릴레이에게 물리를 배우려고 했으나 갈릴레이가 죽는 바람에 그 꿈을 이루지 못했다. 보일은 18살 때 아리스토텔레스의 4원소설을 부정하는 토론 모임을 만들었는데 이것이 영국 왕립학회의 전신이 된 '보이지 않는 대학'이다.

보일은 논리적으로 모든 현상을 실험을 통해 확인하기를 좋아했다. 1661년 그는 자신이 쓴 『의심 많은 화학자』에서 모든 물질이 몇 가지 원소로만 이루어져 있을 수 없다고 주장했다. 이 책에는 세 사람의 인물이 등장하는데 한 사람은 이 세상의 모든 물질은 물과 불, 흙, 공기로 이루어져 있다는 아리스토텔레스의 4원소설을 지지하는 사람이고, 또 한 사람은 4원소설을 이용하여 금을 만들 수 있다고 주장하는 연금술사이다. 그리고 마지막 사람은 4원소설이 틀렸다고 생각하는 의심 많은 화학자이다. 이 책에서 세 사람은 서로의 주장을 굽히지 않지만 보일은 의심 많은 화학자의 의견을 지지하며 아리스토텔레스의 주장에 반대한다.

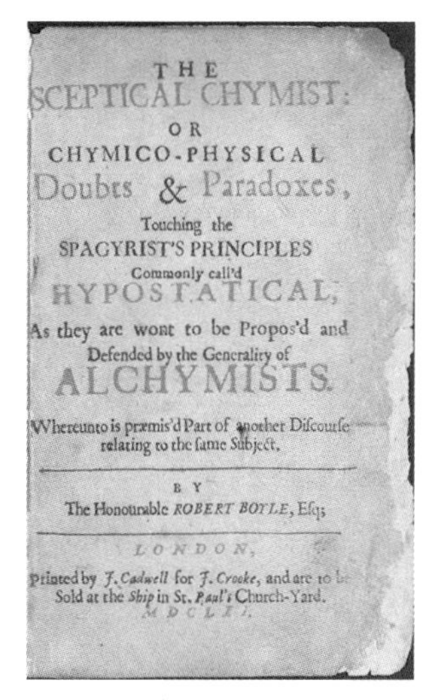
THE
SCEPTICAL CHYMIST:
OR
CHYMICO-PHYSICAL
Doubts & Paradoxes,
Touching the
SPAGYRIST'S PRINCIPLES
Commonly call'd
HYPOSTATICAL;
As they are wont to be Propos'd and
Defended by the Generality of
ALCHYMISTS.
Whereunto is præmis'd Part of another Diſcourſe
relating to the ſame Subject.
BY
The Honourable *ROBERT BOYLE*, Eſq;
LONDON,
Printed by *J. Cadwell* for *J. Crooke*, and are to be
Sold at the *Ship* in St. *Paul's* Church-Yard.
MDCLXI.

『의심 많은 화학자』 표지

보일은 이 세상의 모든 물질이 네 가지의 원소로만 이루어져 있다는 생각을 거부하고 훨씬 더 많은 원소로 사물이 이루어졌다고 생각했다. 이후 보일은 인을 비롯한 수많은 원소를 발견했다.

보일을 화학의 창시자라고 부르는 이유는 그가 원소에 대한 현대적 정의를 내렸기 때문이다. 보일은 원소는 더 이상 분해되지 않는 물질을 이루는 기본 성분이며 같은 종류의 최종 입자로 이루어져 있고, 화학 반응은 이들 원소가 새롭게 배열되는 과정이라고 생각했다. 1665년에 발표한 그의 저서 『색의 실험 역사』에서 여러 가지 색깔의 시약과 산, 알칼리를 구별하는 지시약에 대해 설명했다. 특히 보일은 1662년 기체의 압력과 부피 사이의 재미있는 관계를 알아냈다.

온도가 일정할 때 기체의 압력과 부피는 반비례한다.

식으로 나타내면,

$PV=$(일정)

이 된다.

물리군 바로 이게 보일의 법칙인가요?

정교수 그렇네.

샤를의 법칙 _처음으로 기구를 타고 하늘을 날다

정교수 이번에는 기체의 온도와 부피 사이의 관계를 알아보겠네. 이 연구는 프랑스의 샤를이 발견했다네.

샤를은 1746년 프랑스의 보쟝시에서 태어났다. 어릴 때부터 수학을 좋아했으며 1779년에는 플랭클린을 만나 여러 가지 물리 실험을 배웠다. 그는 뜨거운 공기가 팽창한다는 사실로 유명한 '샤를의 법칙'을 발견했지만 논문으로 발표하지 않았다. 이후 1802년 물리학자 게이 뤼삭이 이 법칙을 확립하면서 세상에 알려졌다.

샤를(Jacques Alexandre César Charles, 1746~1823)

게이뤼삭(Joseph Louis Gay-Lussac, 1778~1850)

샤를은 실험을 통해 일정한 압력 아래에서 기체의 부피는 1℃ 올라갈 때 0℃ 때의 부피의 273분의 1만큼 증가하고, 반대로 온도가 1℃ 내려갈 때는 0℃ 때의 부피의 273분의 1 만큼 감소한다는 것을 알아냈다. '샤를의 법칙'은 기체의 열 팽창률이 273분의 1이라는 것을 말한다.

V(0)를 일정한 압력 아래에서 0℃ 때의 기체의 부피라고 하자. 그리고 온도가 T(℃) 때의 부피를 V(T)라고 쓰자.

$$V(1) = V(0) + V(0) \times \frac{1}{273} = \left(1 + \frac{1}{273}\right) V(0)$$

$$V(2) = V(0) + V(0) \times \frac{2}{273} = \left(1 + \frac{2}{273}\right) V(0)$$

$$V(3) = V(0) + V(0) \times \frac{3}{273} = \left(1 + \frac{3}{273}\right) V(0)$$

위 식에 따라서 임의의 온도 T(℃) 때의 부피는 다음과 같이 된다.

$$V(T) = \left(1 + \frac{T}{273}\right) V(0)$$

이 식이 바로 유명한 샤를의 법칙이다.

물리군 $T = -273$이 되면 부피가 0이에요.

정교수 맞네. 영하 273℃가 되면 기체의 부피는 0이지. 만일 이 온도보다 작으면 기체의 부피는 음수가 되겠지? 하지만 기체의 부피는 음수가 될 수 없으니 이 온도는 자연에서 가장 낮은 온도가 되네. 이 사실로 영국의 물리학자 켈빈은 새로운 온도 체계인 '켈빈온도'를 정의하지. 이제 자세히 알아보겠네.

켈빈온도는 다른 말로 절대온도라고도 한다. 켈빈온도는 섭씨온도에 273을 더한 값으로 정의하고 단위는 K라고 쓴다. 켈빈온도로 물이 어는 온도는 $273K$이고, 물이 끓는 온도는 $373K$이다. 앞으로 섭씨온도로 T(℃)로 나타낸 온도를 켈빈온도 θ라고 쓰자.

$$\theta = T + 273$$

위 공식을 켈빈온도로 이야기하면 자연에서 가장 낮은 온도는 0K가 된다. 켈빈온도가 θ일 때 기체의 부피를 $V(\theta)$라고 하면, 샤를의 법칙은 다음과 같다.

$$V(\theta) = \left(\frac{V(273K)}{273}\right)\theta$$

$V(273K) = V(0℃)$는 기체의 종류에 관계없이 일정한 값이 되므로 위 식은

$$V(\theta) \propto \theta$$

라고 쓸 수 있다. 이 식에서 $\propto$는 비례한다는 뜻이다. 즉, 켈빈온도로 나타내면 샤를의 법칙은 다음과 같다.

(샤를의 법칙) 압력이 일정할 때 기체의 부피는 켈빈온도에 비례한다.

물리군 간단히 말하자면 온도가 올라가면 기체가 팽창하고, 온도가 내려가면 기체가 수축한다는 것이군요.

정교수 그렇다네. 샤를의 법칙으로 만든 가장 큰 발명품은 바로 열기구지.

1783년 샤를은 기술자인 로버트 형제와 함께 수소기체를 채운 풍선을 만들었다. 고무 실크로 만든 이 풍선은 공 모양으로 부피는 35m^3 정도였다. 1783년 8월 23일 샤를은 현재 에펠탑이 있는 위치에서 수소 기구를 띄웠다. 이것이 세계 최초의 수소를 채운 열기구이다.

세계 최초의 수소 열기구(1783년)

수소 기구는 2분도 채 안 되어 1,000m 높이까지 올라갔다. 샤를의 수소 기구는 약 2시간 동안 43km를 날아갔다. 해 질 무렵에는 2차 비행을 시도했는데, 샤를은 10분 동안 300m 높이로 올라가 저물던 붉은 태양이 지평선에서 다시 거꾸로 떠오르는 것을 보았다. 그는 하루에 두 번 해가 지는 것을 본 최초의 사람이었다. 하지만 샤를의 수소 기구 역시 더 이상 높이 올라가지 못하고 40분 만에 추락했다.

물리군 그런 역사가 있었네요.

공기의 성분을 발견한 과학자들 _ 눈에 보이지 않는 기체의 발견

물리군 궁금한 게 있어요.

정교수 뭔가?

물리군 공기가 기체이고 공기 속에는 산소 기체와 질소 기체가 있다고 배웠는데 왜 공기는 보이지 않는거죠?

정교수 기체는 눈에 보이는 기체와 눈에 보이지 않는 기체로 나눌 수 있다네. 염소 기체는 황록색을 띠고 있어 눈에 보이지만 공기를 이루는 산소와 질소 기체는 눈에 안 보이지.

물리군 눈에 보이지도 않는 기체는 어떻게 발견한 것이죠?

정교수 이 이야기는 1669년으로 거슬러 올라가네.

베허(Johann Joachim Becher, 1635~1682)

1669년 독일의 의과대학 교수인 베허는 모든 물체가 공기와 물, 세 종류의 흙으로 이루어져 있다고 생각했다. 세 종류의 흙은 기름, 수은 암석으로 물질이 타면 물질 속에 있는 기름흙이 빠져나간다고 여긴 것이다.

베허의 제자인 슈탈(Georg Ernst Stahl, 1659~1734)은 기름흙을 '플로기스톤(phlogiston)'이라고 불렀다. 플로기스톤은 '불에 탄 것'이라는 그리스어인 플로기스토스(phlogistós)에서 유래했다.

불로 나무를 태우면 따뜻해지고 밝아진다. 슈탈은 이것이 나무 속의 플로기스톤 때문이라고 생각했다. 즉 플로기스톤은 불과 열, 빛과 같은 형태로 우리 눈에 나타나는데 이 중 눈에 보이는 것과 보이지 않는 것이 있다고 여겼다.

물질이 타는 것을 화학자들은 연소라고 부른다. 슈탈은 물질의 연소반응에서는 항상 플로기스톤이 나오며 그것은 물질이 플로기스톤을 포함하고 있기 때문이라고 생각했다. 그래서 물질이 타고 남은 재는 플로기스톤이 없기 때문에 더 이상 타지 않는다고 생각했다.

슈탈은 플로기스톤이 많을수록 연소반응이 활발하게 일어난다고 생각했다. 즉 나무가 돌보다 잘 타므로 나무 속에 더 많은 플로기스톤이 있다고 생각했다. 슈탈은 나무가 탈 때 나오는 플로기스톤을 공기가 흡수한다고 생각해서 플로기스톤을 흡수할 공기가 없으면 물질이 타지 않는다고 여겼다.

슈탈은 금속이 녹이 스는 반응에도 플로기스톤 이론을 적용했다. 금속을 공기 중에 오래 놓아두면 플로기스톤이 공기 중으로 빠져나가 녹슨 금속이 된다고 생각했다. 그는 금속에서 빠져나가는 플로기스톤은 눈에 보이지 않는 플로기스톤으로 생각했다. 하지만 플로기스톤 이론에는 심각한 문제가 있었다. 철이 녹이 슬면 무거워지는데 플로기스톤 이론대로라면 플로기스톤이 빠져나갔기 때문에 녹슨 철이 더 가벼워져야 하기 때문이다.

물리군 플로기스톤의 무게가 음수여야 하네요.

정교수 하지만 무게는 음수가 될 수 없지.

물리군 심각한 문제가 발생한 거네요.

정교수 이런 문제점에도 불구하고 많은 과학자가 플로기스톤 이론을 믿었네.

당시 플로기스톤 이론을 지지하는 과학자들은 수소, 산소, 질소,

이산화탄소와 같은 눈에 보이지 않고 냄새도 나지 않는 기체를 발견하기 시작했다. 과학자들이 눈에 보이지 않는 기체를 발견할 수 있었던 것은 모든 화학반응에서 플로기스톤이 나온다고 믿었기 때문이다. 과학자들은 눈에 보이지 않는 플로기스톤을 가두기 위해 대부분의 화학반응을 밀폐된 유리 용기 속에서 진행했다.

첫 시도는 1766년 영국의 캐번디시가 처음 시도했다. 캐번디시는 재력가로 유명했다. 하지만 수줍음이 많았던 탓에 사람들도 만나지 않은 채 대부분의 시간을 집에서 과학 실험을 하며 보냈다.

그는 수소를 발견하기 위해 유리 용기 속에 들어 있는 아연에 염산을 부었다. 그도 아연과 염산이 반응하여 플로기스톤이 나올 것이라고 믿었다. 캐번디시가 유리 용기에 불을 집어넣자 폭발이 일어났다. 원래의 공기가 아연과 염산의 반응에서 나온 플로기스톤을 지니고 있었기 때문이다. 캐번디시는 이 플로기스톤을 '불에 타는 플로기스

캐번디시(Henry Cavendish, 1731~1810)

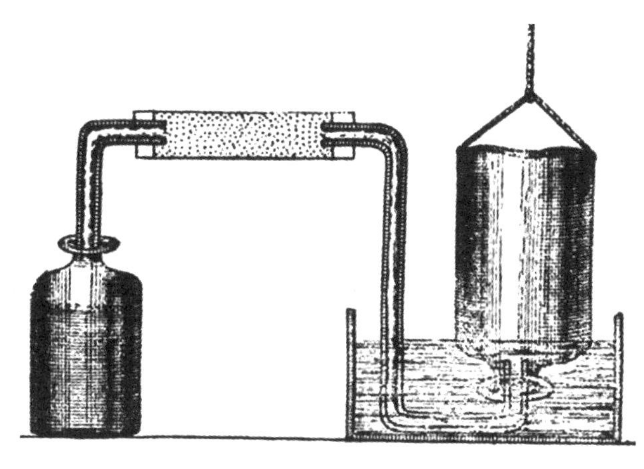

캐번디시가 수소를 발견한 장치

톤'이라고 불렀는데 이것이 바로 수소 기체이다.

질소는 1772년에 스코틀랜드 의사 러더퍼드(Daniel Rutherford, 1749~1819)가 처음 발견했다. 그는 공기에는 연소를 돕지 않은 원소가 있음을 확인하고 이를 '유독한 공기'라고 불렀는데 이것이 질소 기체이다.

프리스틀리(Joseph Priestley, 1733~1804)

그 후 1774년 프리스틀리는 산소를 발견했다. 그는 지름 12cm 렌즈로 햇빛에 초점에 맞춰 산화수은을 고온으로 가열했다. 이 실험은 밀폐된 용기에서 이루어졌고 프리스틀리 역시 이 반응에서 눈에 보이지 않는 플로기스톤이 나온다고 믿었다.

프리스틀리는 용기 안에 갇힌 플로

기스톤의 성질을 알아보기 위해 다 꺼져 가는 촛불을 집어넣었다. 그러자 촛불이 활활 타올랐다. 그는 이 플로기스톤을 물질이 타는 것을 도와주는 플로기스톤이라고 불렀다. 이것이 바로 산소 기체이다. 그는 자연의 공기는 산소를 포함하고 있으며 산소 기체가 더 많아지면 타고 있는 물질이 플로기스톤을 더 잘 흡수하기 때문에 물질이 잘 타는 것이라고 생각했다.

프리스틀리는 산소 기체 속에 쥐를 집어넣었다. 그러자 쥐는 자연의 공기 속에서 보다 더 활발하게 움직였다. 밀폐된 유리 용기 안에 보통의 공기가 들어 있다면 쥐가 15분 정도 숨을 쉴 수 있지만, 산소가 들어 있는 유리 용기 안의 쥐는 45분 동안 숨을 쉴 수 있었다. 프리스틀리는 산소가 좋은 플로기스톤이라고 생각하고 산소를 직접 마셔 보기도 했다. 그는 가슴이 상쾌해지는 기분을 느낄 수 있었다.

프리스틀리의 실험 장치

프리스틀리는 처음으로 이산화탄소를 물에 녹인 탄산수를 만들었다. 이것이 바로 사이다나 콜라와 같은 탄산 음료의 재료이다. 그는 이산화탄소가 녹은 물에서 자라는 식물에서 산소가 나온다는 것을 알아냈을 뿐만 아니라 산소를 이용하여 암모니아와 염화수소, 이산화황을 만들었다.

사실 산소를 처음 발견한 사람은 스웨덴의 셸레(Scheele, 1742~1786)이다. 그는 평생을 약제사 조수로 일했다. 셸레는 약을 만들기 위해 온종일 화학 물질을 섞으면서도 틈틈이 화학 연구로 염소, 바륨, 망간, 질소 등을 발견했다.

1771년 셸레는 산화수은을 가열하여 새로운 기체를 발견했다. 이 기체는 산소이지만 셸레는 그 기체 속에서 물질이 잘 타기 때문에 '불공기'라고 불렀다. 그는 산소의 발견을 포함한 내용을 담은 책을 출판하려고 했지만 스웨덴의 유명한 과학자인 베리만이 머리말을 써 주지 않아 이후 1777년이 되어서야 비로소 산소 발견 실험이 세상에 알려졌다. 하지만 그 사이 사람들은 산소를 발견한 사람이 프리스틀리라고 믿었고 이로 인해 셸레는 산소의 최초 발견자 자리를 프리스틀리에게 내주어야만 했다.

물리군 눈에 보이지 않는 기체들이 플로기스톤을 믿어서 발견되었군요.

정교수 그렇다네. 플로기스톤 이론이 사라지게 된 결정적인 사건이 바로 질량보존의 법칙이네. 질량보존의 법칙은 천재적인 화학자 라

라부아지에
(Antoine-Laurent de Lavoisier, 1743~1794)

부아지에의 거듭된 실험을 통해 발견되었지.

라부아지에는 1743년 프랑스 파리에서 태어났다. 부유한 가정에서 태어난 그는 1768년 25살의 젊은 나이에 각 분야의 전문가만 들어갈 수 있는 프랑스 아카데미 회원으로 뽑힐 정도로 능력을 인정받았다. 그해 라부아지에는 정부 대신 세금을 징수하는 페르메 회사에 입사했다. 이후 1775년에는 화학 공사에 들어가 화약의 질을 개선하고 현대의 미터법으로 발전되는 도량 체계를 고안했다.

1789년 라부아지에는 『화학개요』라는 책을 출간했다. 이 책에는 기체의 조성과 분리, 화학반응에서의 질량보존의 법칙에 대해 설명했다. 그러나 프랑스 대혁명 이후 국민의회는 국민에게 가혹한 세금을 징수한 대부분의 페르메의 직원을 사형했는데, 라부아지에도

1794년 5월 8일 단두대의 이슬로 사라졌다.

위대한 화학자 라부아지에의 첫 업적은 1769년에 시작되었다. 당시 유리 용기에 담긴 물을 끓이면 고체 상태의 물질이 침전되었는데 이 현상을 대부분의 과학자는 물이 흙으로 변한다고 믿었다. 그러나 라부아지에는 반응 전후 유리 용기의 질량을 정밀하게 측정하여 반응 후에 유리 용기가 조금 가벼워진다는 것을 알아냈다. 곧 그는 고체 상태의 침전물은 물이 흙으로 변한 것이 아니라 유리 용기의 유리가 녹아서 나왔다는 것을 알아냈다. 이 실험으로 라부아지에의 이름이 널리 알려졌다.

1772년 라부아지에는 플로기스톤 이론을 뒤엎은 유명한 연소 실험을 했다. 라부아지에는 매우 큰 렌즈로 다이아몬드를 연소시키면 질량이 커진다는 것을 알아냈다. 곧 연소된 물질이 더 무거우므로 연소반응은 플로기스톤이 빠져나가는 반응이 아니라 질량을 가진 어떤

라부아지에의 실험 장치

눈에 보이지 않은 기체와 결합하는 것이라고 생각했다. 그는 이 기체가 공기에 들어 있다고 생각했지만 정확히 어떤 기체인지는 몰랐다.

1774년 프리스틀리는 라부아지에를 만나 자신이 발견한 산소 기체에 대해 알려주었다. 이때 라부아지에는 산소 기체는 물질의 연소를 도와주므로 물질이 연소할 때 결합되는 기체가 바로 산소 기체라고 확신했다.

라부아지에는 밀폐된 유리 용기 안의 연소반응 뒤 전후 질량을 비교했다. 반응 전에 물질이 들어 있는 유리 용기의 질량은 물질의 질량과 공기의 질량, 유리 용기의 질량의 합이다. 라부아지에는 연소반응 뒤 연소된 물질의 질량이 무거워졌으며 대신 공기가 들어 있는 유리 용기의 질량은 줄어든 것을 알아냈다. 공기 속에 있던 산소가 물질과 결합하여 탄 물질을 만들었던 것이었다. 라부아지에는 이 반응에

라부아지에의 가열렌즈를 이용한 연소 실험

서 반응 전후의 물질의 질량은 달라지지 않는다는 것을 확신하게 되었고, 이것이 바로 질량보존의 법칙이다.

라부아지에는 물질의 연소반응은 공기 속의 산소와 물질이 결합하는 것을 알아냈다. 그러므로 밀폐된 공간에서 물질을 태우면 산소가 점점 줄어든다. 공기는 순수한 물질이 아니라 여러 개의 기체가 섞여 있는 혼합물임을 알 수 있게 된 것이다.

물질이 연소반응을 할 때 물질과 결합하지 않는 공기는 무엇으로 이루어져 있는지의 문제는 당시 산소 전문가로 알려진 셸레, 프리스틀리, 라부아지에가 모두 관심을 가지고 있었다.

셸레는 산소를 제외한 나머지의 공기 부분은 물질의 연소반응을 더 이상 일으키지 않는 질소라는 것을 알아냈다. 즉 공기는 질소와 산소의 혼합물인 셈이다. 라부아지에도 셸레와 같은 생각으로 산소와 질소의 구성비가 1:3이라고 주장했다. 하지만 라부아지에의 구성비는 옳지 않았다. 얼마 후 프리스틀리는 정확한 실험으로 공기를 이루는 산소와 질소의 구성비가 1:4라는 것을 알아냈다.

물리군 드디어 공기의 정체가 밝혀졌네요.

돌턴의 원자 이야기 _ 기체 분자설

정교수 이제 영국의 돌턴이 등장할 차례네.

돌턴(John Dalton, 1766~1844)

영국의 화학자 돌턴은 모든 물질이 더 이상 쪼갤 수 없는 가장 작은 알갱이인 원자로 이루어져 있다는 원자설을 주장했다. 그는 원자의 모양은 공 모양이고 원자의 종류에 따라 크기가 다르다고 주장했다.

돌턴은 화합물을 어떻게 생각했을까? 돌턴은 두 종류의 원자가 화합물을 만들고, 물은 산소와 수소의 화합물이므로 산소 원자 1개와 수소 원자 1개로 이루어져 있다고 생각했다. 하지만 1808년 프랑스의 과학자 게이뤼삭은 돌턴의 원자설로는 설명할 수 없는 법칙을 발견했다. 기체끼리 반응하여 다른 기체가 생기거나 어떤 물질이 두 가지 이상의 기체로 분해될 때 각각의 부피 사이에 정수비가 성립하게 된다. 이를 기체반응의 법칙이라고 부른다. 예를 들어 수소와 산소가 반응하여 수증기를 만들 때는 이들 기체의 부피 비는 2:1:2가 된다.

이것을 왜 돌턴의 원자로는 설명할 수가 없을까? 반응 전 수소와 산소의 부피의 비는 2:1이다. ●를 수소 원자로 ○를 산소 원자로 본다면 수증기는 산소와 수소로 이루어진 화합물이다. 돌턴의 주장대로라면 ●○라고 표시해야 한다. 이를 다음과 같이 나타낼 수 있다.

●● + ○ → ●○ ●○

이 반응을 살펴보면 반응 전 수소 원자가 2개, 산소 원자가 1개이던 것이 반응 후에는 수소원자 2개 산소원자 2개로 늘어난 것을 알 수 있다. 이는 반응 전후에 질량이 보존되어야 한다는 라부아지에의 질량보존의 법칙에 어긋난다.

물리군 심각한 문제네요.

정교수 이 문제를 해결한 사람은 이탈리아의 과학자 아보가드로라네.

1811년 아보가드로는 화학반응은 원자들이 아닌 원자 여러 개가 모인 분자가 주인공이어야 한다고 주장했다. 즉 수소 분자는 수소 원자 2개로 이루어져 있다는 것이다. 그는 기체의 부피는 원자의 부피가 아니라 분자의 부피라고 생각했다.

즉 아보가드로의 분자를 이용하여 기체 반응의 법칙을 설명할 수 있다. 수소 분자 두 부피와 산소 분자 한 부피가 화학반응을 하는 것

아보가드로(Lorenzo Romano Amedeo Carlo Avogadro, 1776~1856)

을 분자로 나타내면 다음과 같다.

●● ●● + ○○

반응 전의 수소 원자의 수는 4개, 산소 원자의 수는 2개이다. 이제 물(수증기) 분자가 수소 원자 2개와 산소 원자 1개로 이루어져 있다고 하면 다음과 같은 반응식을 쓸 수 있다.

●● ●● + ○○ → ●○● ●○●

이 반응식은 반응 전후 원자들이 달라지지 않았고 질량보존의 법칙도 만족시킨다. 마침내 아보가드로는 화학반응에서 분자의 역할이 중요하다는 것과 분자가 원자로 이루어졌음을 밝혀냈다.

물리군 분자가 되려면 반드시 2개의 원자가 모여야 하나요?

정교수 그렇지 않네. 헬륨이나 아르곤과 같은 기체는 원자들이 혼자 있기를 좋아하지. 그래서 하나의 원자가 분자를 만드는 것을 단원자 분자라고 부르네. 하지만 산소나 수소와 같은 기체는 2개의 원자가 하나의 분자를 이룬다네. 이런 분자를 이원자 분자라고 부르지. 또 물의 기체 상태인 수증기는 수소 원자 2개와 산소 원자 1개로 분자를 만드네. 또 이산화탄소는 탄소 원자 1개와 산소 원자 2개로 분자를 만든다네. 이런 분자들은 삼원자 분자라고 하네.

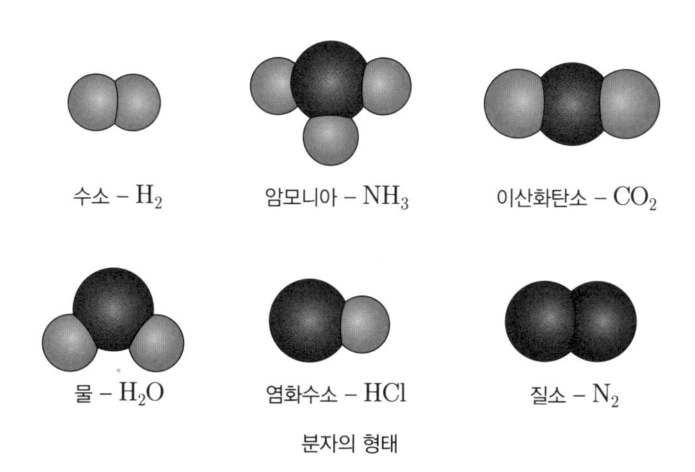

분자의 형태

분자설의 주인공 아보가드로 _ 모든 기체의 분자의 수는?

정교수 세 번째로 중요한 법칙은 아보가드로의 법칙이네.

(아보가드로의 법칙) 같은 온도와 압력일 때 같은 부피 속의 기체 분자의 수는 기체의 종류와 상관없이 같다.

물리군 같은 부피를 얼마로 택해야 할까요?

정교수 과학자들은 같은 부피를 22.4ℓ로 택했다네. 이 부피 속의 기체를 기체 1mol이라고 부른다네. 기체를 44.8ℓ 모으면 2mol이 되는 것이지. 아보가드로는 다음과 같은 사실을 알아냈네.

0℃, 1기압에서 기체 1mol 속에는 기체 분자가 $6.02214076 \times 10^{23}$개 들어 있다.

물리군 엄청나게 많이 들어 있군요.

정교수 이 개수를 아보가드로수 N_A라고 나타내네.

$$NA = 6.02214076 \times 10^{23}$$

물리군 보일의 법칙은 온도가 일정할 때 부피와 압력이 반비례한다는 것을 말하고, 샤를의 법칙은 압력이 일정할 때 부피가 온도에 비례한다는 것을 말하는 것인데, 이 두 법칙을 함께 쓸 수 있나요?

정교수 가능하네. 1834년 프랑스의 과학자 클라페이론이 설명했지.

클라페이론(Benoît Paul Émile Clapeyron, 1799~1864)

클라페이론은 기체의 종류와 관계없이 기체 1mol의 경우 온도와 부피와 압력은 다음 관계를 만족한다는 것을 알아냈다네.

$$PV = R\theta \tag{1-7-1}$$

기체 $n$mol의 경우는

$$PV = nR\theta \tag{1-7-2}$$

가 되네.

물리군 R은 뭔가요?

정교수 기체의 종류와 관계없이 일정한 상수로 이 상수를 '기체상수'라고 부르네. 이 값은 다음과 같네.

$$R = 8.31446261815324 \quad (JK^{-1}mol^{-1})$$

정교수 기체 $n$mol 속의 분자의 수는 몇 개인가?

물리군 기체 1mol 속에서는 아보가드로 수 만큼의 기체 분자가 있다고 했으니, 기체 $n$mol 속에는 아보가드로 수의 n배 만큼 있겠군요.

정교수 그렇네. 기체 $n$mol 속의 분자의 수를 N(개)라고 한다면, 아래 식이 되지.

$$N = nN_A$$

그러므로 식 (1-7-2)는 다음과 같이 쓸 수 있다.

$$PV = N\left(\frac{R}{N_A}\right)\theta \tag{1-7-3}$$

이때 $\frac{R}{N_A}$은 상수로 이 상수를 볼츠만 상수라고 부르고 k라고 쓴다. 볼츠만 상수의 값은 다음과 같다.

$$k = \frac{R}{N_A} = 1.38 \times 10^{-23}\,(J/K)$$

즉, 볼츠만 상수의 단위는 에너지의 단위를 온도의 단위로 나눈 단위가 되네. 따라서 식 (1-7-3)을 볼츠만 상수로 쓰면 아래 식이 된다.

$$PV = Nk\theta \tag{1-7-4}$$

물리군 두 법칙이 통일되었군요.

두 번째 만남

●

열역학의 영웅들

기체운동론의 선구자 줄_신혼여행에서도 이어진 실험

정교수 기체에 대해 어느 정도 알게 되었으니 이제 열에 대한 물리학을 알아보겠네. 18세기 중반까지 과학자들은 열은 눈에 보이지 않은 작은 알갱이들의 이동이라고 생각했지. 이 작은 알갱이를 라부아지에는 열소(caloric)라고 불렀네.

라부아지에는 뜨거운 물체에서 차가운 물체로 열소가 이동한다고 생각했다. 이때 열소를 잃은 뜨거운 물체는 온도가 내려가고 열소를 얻은 차가운 물체는 온도가 올라간다고 믿었다.

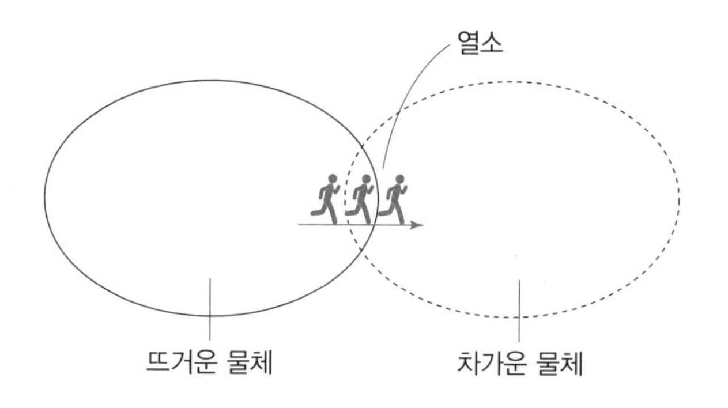

당시 과학자들은 열소를 물에 비유했다. 컵에 물을 부으면 물의 높이가 올라가듯 물체가 열소를 얻으면 온도가 올라간다고 생각한 것이다.

물리군 물의 높이는 온도이고, 물은 열소를 비유한 거네요.

정교수 맞네. 열소는 많은 과학자에게 큰 지지를 받았지. 하지만 열소로 설명할 수 없는 일이 있었네. 그것은 바로 얼음이 녹는 과정이었지. 얼음이 녹을 때는 아무리 열을 가해도 온도가 올라가지 않았어.

물리군 물컵에 물을 따랐는데도 물의 높이가 올라가지 않는 셈이네요.

정교수 바로 그거네. 이 문제로 인해 열소에 대한 생각을 과학자들은 버리기 시작했지.

물리군 열은 에너지의 일종이라고 배웠습니다.

정교수 맞네. 이것을 실험적으로 확인한 과학자는 줄이네.

줄은 1818년 12월 24일 영국 맨체스터 근교의 샐퍼드에서 둘째 아들로 태어났다. 그의 집안은 대대로 양조장을 했기 때문에 매우 부유하게 자랐다. 줄은 어릴 때부터 대인 공포증으로 학교에 가기를 싫

줄(James Prescott Joule, 1818~1889)

어했는데, 부유한 가정환경 덕분에 실력 있는 가정교사에게 과학과 수학을 배웠다.

18살 때는 당대 최고의 화학자이며 원자론의 창시자인 돌턴이 가정교사로 그에게 과학을 가르칠 정도였다. 줄은 스무 살이 되자 양조장 안에 실험실을 만들어 과학 실험에 열중했다. 2년 뒤 그는 전동기가 뜨거워지는 것을 보고 전동기에서 나오는 열의 양이 도선에 흐르는 전류와 관계가 있다는 유명한 '줄의 법칙'을 발견하여 논문으로 발표했다.

물리군 대단해요.

정교수 줄은 1843년 열이 에너지라는 것을 확인하는 실험을 하지.

줄은 역학적에너지(운동에너지와 위치에너지의 합)가 줄면서 발생하는 열이 얼마나 되는지 알아보는 실험을 시작했다. 여러 번의 실험 중에서 가장 유명한 것은 추가 떨어지면서 물속에 잠겨 있는 바람개비를 돌리는 실험이다. 줄은 바람개비가 물과 마찰을 일으켜 열이 발생하고 이것이 물의 온도를 올리게 될 것이라고 생각했다. 추가 가지고 있던 운동에너지가 모두 바람개비의 운동에너지로 바뀌지 않고 남은 부분이 물의 온도를 올리는 열에너지로 바뀐다는 것을 증명하는 실험이었다.

줄은 이 실험을 위해 1m짜리 온도계를 만들고 눈금을 1℃의 360분의 1까지 나누어 물의 온도 변화를 정밀하게 관측했다. 물을 담은 물

줄의 실험 장치

통으로 열이 빠져나가는 것을 막기 위해 열이 잘 통하지 않는 나무토막을 물통에 깔았다. 이 실험은 공기의 온도가 안정된 밤에 이뤄졌다.

1847년 줄은 4.2J의 에너지 차이가 1cal의 열을 발생시킨다는 것을 알아냈다. 1cal는 물 1g을 1℃ 올리는 데 필요한 열의 양이다. 줄이 발견한 열의 양과 에너지 차이 사이의 관계는 다음과 같다.

1cal = 4.2J

줄은 이 논문을 학회에 발표했지만 거절당했다.

물리군 왜 거절당했을까요?

정교수 줄은 독학으로 물리를 공부한 사람이었지. 대학의 물리학과 교수가 아니었거든. 논문 심사위원들은 줄과 같은 아마추어 과학자의 연구를 잘 인정하지 않았다네.

물리군 그렇다면 사람들이 어떻게 줄의 연구를 알게 되었을까요?

정교수 줄은 자신의 연구 결과를 신문에 실었다네.

많은 물리학자가 줄의 연구를 인정하지 않을 때 영국 글래스고 대학교수인 톰슨이 줄의 실험이 옳다고 주장했다. 톰슨의 도움으로 줄의 논문은 1850년 당시 세계 최고의 잡지인 〈철학회보, Philosophical Transactions of the Royal Society of London〉에 실렸다. 이때의 인연으로 줄과 톰슨은 1852년 기체에 열을 공급하지 않고 기체의 부피가 줄어들면 기체의 온도가 내려간다는 사실을 알아냈다. 이것은 뒤에 냉장고의 원리로 줄–톰슨 효과라고 부른다. 열과 에너지 사이의 관계를 정확하게 알아낸 줄은 이 실험을 36년 동안 했다. 평생을 바친 실험인 셈이다.

물리군 대단한 열정이네요.

정교수 줄은 신혼여행에서도 이 실험을 했다네.

줄은 결혼식을 앞둔 상황에서도 실험에 열중했다. 신혼여행은 맨체스터 근교의 유원지로 갔는데 그곳에는 큰 폭포가 있었다. 이때 줄은 자신이 직접 만든 1m짜리 온도계를 들고 갔다. 줄은 이 온도계로 자연에 있는 많은 물체의 온도를 측정했다.

줄은 폭포를 보자 폭포 아래 물은 충돌에 의해 열이 생기므로 폭포

위의 물보다 온도가 높을 것이라는 생각이 들었다. 그는 자신이 신혼 여행을 왔다는 것도 잊은 채 온도계를 들고 폭포에 뛰어들어 폭포 위 아래 물의 온도를 측정했다. 하지만 폭포의 물이 워낙 빠르게 흘러내려 온도의 차이를 알아볼 수는 없었다. 이 이야기는 당시 줄이 실험에 얼마나 빠져 있었는지 보여주는 일화다.

물리군 대단해요.

열역학 제1법칙의 탄생 _ 무더운 날 냉커피가 점점 뜨거워지는 이유는?

정교수 이제 우리는 열역학에 대해 조금 알아보겠네.

물리군 열역학이요?

정교수 열과 일 사이의 관계를 연구하는 물리학을 열역학이라고 부른다네. 열역학은 물리학과 학생들이 3학년 때 배우는 중요 과목이지. 하지만 여기서는 플랑크의 논문을 이해하는 데 꼭 필요한 만큼만 이야기하겠네. 하지만 수식이 조금은 필요하다네.

물리군 고등학교 수학 정도라면 괜찮겠네요.

정교수 고등학교 이상의 수학도 나오겠지만 고등학교 수학 정도로 이해해 주면 좋겠네.

물리군 네, 알겠습니다.

정교수 우선 일에 대해 복습해 보겠네. 정지해 있는 당구공을 큐로

밀면 움직이지? 왜 움직이나?

물리군 당구공에 힘이 작용했기 때문이죠.

정교수 맞네. 힘을 받은 당구공은 원래 위치에서 일정 거리를 움직이지. 이렇게 물체에 힘을 작용하면 물체가 이동한다네.

물리학자들은 물체에 힘이 작용해 거리를 이동했을 때 '일(Work)'이라는 양을 다음과 같이 정의했다.

• 물체에 힘 F가 작용하여 물체를 힘이 작용한 방향으로 거리 d 만큼 움직이게 했을 때 일 W는 다음과 같다.

$$W = Fd \tag{2-2-1}$$

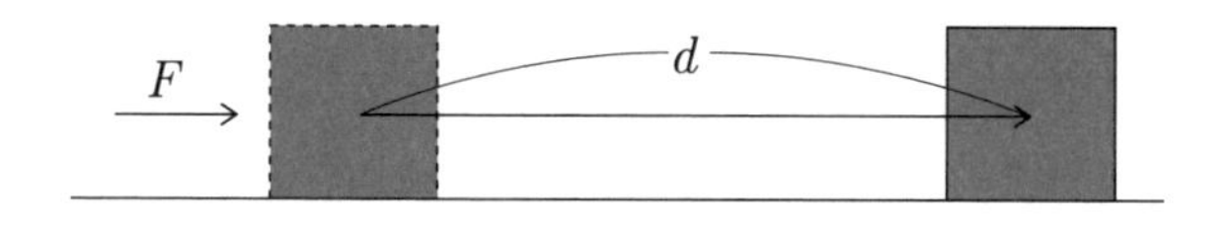

열역학에서 중요한 두 가지 법칙을 소개하면 열역학 제1법칙과 제2법칙이다. 플랑크의 논문을 이해하려면 이 두 가지 법칙을 알아야 한다. 먼저 열역학 제1법칙을 설명한다.

뜨거운 물체와 차가운 물체를 접촉시키면 뜨거운 물체에서 차가운 물체로 열에너지가 이동한다. 시간이 충분히 흐르면 두 물체의 온도가 같아지는데 이를 열평형이라고 하고, 이때 같아지는 온도를 평형 온도라고 부른다.

물리군 온도가 같아지니까 더 이상 두 물체 사이의 열의 이동이 없는 거군요.

정교수 그렇네. 접촉한 두 물체 사이에서 열이 이동하려면 반드시 두 물체 사이의 온도 차이가 있어야 하네.

이제 계(system)에 대해 알아보자. 무더운 날 차가운 커피잔을 들고 밖에 서 있으면 커피가 뜨거워진다. 즉 냉커피의 온도가 올라가기 때문이다. 냉커피의 온도가 올라가는 이유는 냉커피와 주변 환경과의 접촉 때문이다. 주변 환경이 냉커피보다 온도가 높으므로 열은 주변 환경에서 냉커피로 흘러 들어간다. 이때 열에너지를 얻은 냉커피는 온도가 올라가 뜨거워진다. 냉커피를 열역학적으로 다룰 때 주변 환경을 반드시 고려해야 한다. 이때 냉커피처럼 우리가 고려하는 대상을 '계'라고 부르고 이 계에 영향을 주는 주변 환경을 '환경'이라고 부른다.

정교수 이제 열역학 제1법칙을 설명하겠네. 계에 열이 공급되면 계에 어떤 일이 벌어지겠나?

물리군 열은 에너지의 한 종류이니까 열을 얻은 계는 에너지가 증가하겠네요.

정교수 맞네. 이것 외에 한 가지 더 고려할 것이 있지.

물리군 그건 뭘까요?

정교수 계에 열이 공급되면 계의 부피가 변할 수 있다는 거네.

물리군 아하! 샤를의 법칙처럼 말이죠? 열기구의 온도가 높아지면 열기구가 팽창한다!

정교수 바로 그거네. 계의 부피가 변한다는 것은 계가 환경에 힘을 작용하기 때문이라네.

물리군 어떤 힘을 작용하는 거죠?

정교수 열기구처럼 용기 속의 기체를 생각해 보게.

기체는 분자들로 이루어져 있다. 열을 얻으면 기체 분자들이 더 활발하게 움직이면서 용기 밖으로 탈출하려고 발버둥을 친다. 즉, 용기 벽과 더 많은 충돌을 하여 기체 분자들이 용기 벽에 충격력(충돌로 생긴 힘)을 작용한다. 이 힘이 용기 벽을 밀치면서 용기의 부피가 커진다. 기체의 부피는 용기의 부피이므로 기체의 부피가 커진다. 이 충격력은 용기를 팽창하는 데 사용되는 일을 한다. 다음과 같이 쓸 수 있다.

유입된 열의 변화량 = 팽창하는 데 쓰인 일 + 계의 에너지의 변화량

이제 조금 수식을 써보자. 유입된 열의 양이 작은 경우이다. 팽창한 부피 변화와 계의 에너지 변화가 작다. 물리학자들은 변화량을 나타낼 때 Δ(델타)라는 기호를 사용한다. 이제 환경에서 계로 흘러 들

어간 열의 변화량을 ΔQ라고 쓰자. 이때 계의 에너지의 변화량을 ΔE라고 나타내자. 이제 팽창하는 데 쓰인 일을 구하려면 다음과 같이 관 모양의 용기를 생각하자. 이 관 속에는 기체가 들어 있고 열을 받았을 때 길이 방향으로만 팽창이 일어난다고 생각해 보자.

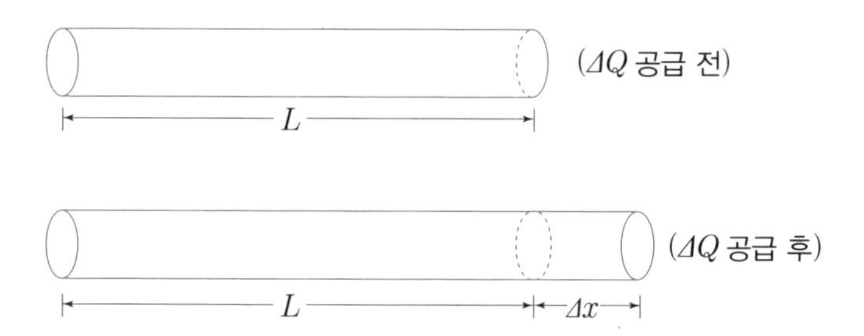

이때 팽창은 길이 방향으로만 일어나서 관의 길이가 Δx만큼 증가한다. 기체 분자가 관의 단면에 작용한 충격력을 F라고 하면 기체 분자들의 충격력이 한 일은 다음과 같다.

$$\Delta W = F \Delta x$$

관의 단면적을 A라고 하면 관의 단면에 작용하는 압력 P는 아래 공식이 된다.

$$P = \frac{F}{A} \quad (2\text{-}2\text{-}2)$$

따라서 충격력이 한 일은

$$\Delta W = PA\Delta x$$

이다. 여기서 $A\Delta x$는 관의 늘어난 부피이다. 그것은 부피의 변화량이므로 ΔV라고 쓰면

$$\Delta W = P\Delta V \quad (2\text{-}2\text{-}3)$$

이다. 열역학 제1법칙은

$$\Delta Q = P\Delta V + \Delta E \quad (2\text{-}2\text{-}4)$$

라고 쓸 수 있다.

엔트로피와 열역학 제2법칙 _ 열은 뜨거운 곳에서 차가운 곳으로 이동한다

정교수 이번에는 열역학 제2법칙에 대한 이야기를 해보겠네.

물리군 어떤 내용인가요?

정교수 간단하게 말하면 다음과 같네.

(열역학 제2법칙) 열은 저절로 차가운 물체에서 뜨거운 물체로 이동할 수 없다.

이 법칙은 독일의 물리학자 클라우지우스가 발견했다. 흔히 그를 화학자로 알고 있지만 정통 물리학자이다. 대학에서 물리학과 수학

클라우지우스(Rudolf Julius Emanuel Clausius, 1822~1888)

을 공부했고, 1848년 대기의 광학적 특성에 대한 연구로 할레(Halle) 대학에서 물리학 박사학위를 받았다. 1850년에는 베를린 공업대학 물리학과 교수가 되었으며 1855년에는 아인슈타인이 다닌 대학으로 유명한 스위스 취리히 연방공과대학(ETH)의 교수가 되었다.

1854년부터 1865년까지 클라우지우스는 열역학 제2법칙에 대한 연구를 하며 1865년 엔트로피(entropy)라는 용어를 처음 만들어 열역학 제2법칙을 엔트로피로 설명한다.

물리군 엔트로피는 많이 들어봤지만 정확한 뜻은 잘 모르겠어요.

정교수 설명해 보겠네.

클라우지우스는 왜 뜨거운 물체에서 차가운 물체로 열이 저절로 이동하지만 그 반대 과정은 일어날 수 없는지 설명하기 위해 '엔트로피'라는 양을 정의했다. 그는 엔트로피를 S라고 썼는데, 엔트로피의 변화량 ΔS가 이 문제를 해결할 수 있다고 생각했다. 클라우지우스는 온도가 θ인 물체에서 열의 변화량을 ΔQ라고 하면 엔트로피의 변화량을

$$\Delta S = \frac{\Delta Q}{\theta} \tag{2-3-1}$$

으로 정의했다.

물리군 이것과 열역학 제2법칙이 무슨 관계가 있는 것이죠?

정교수 이제 뜨거운 물체와 차가운 물체를 접촉해 보겠네.

뜨거운 물체의 온도를 θ_H와 차가운 물체의 온도를 θ_C라고 해보자. 이때 열 Q가 뜨거운 물체에서 차가운 물체로 흘러 들어간다. 물론 여기서 Q는 양수이다.

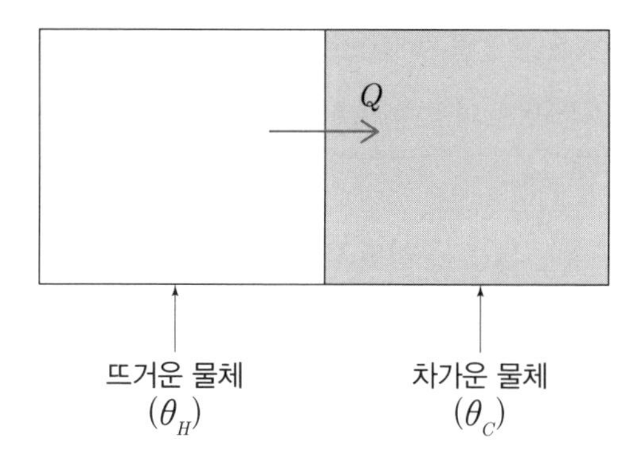

이때 뜨거운 물체는 열이 Q만큼 빠져나갔으니까 열의 변화량은 $-Q$가 된다. 뜨거운 물체의 열의 변화량을 $(\Delta Q)_H$라고 하면

$$(\Delta Q)_H = -Q$$

가 된다. 이때 뜨거운 물체의 엔트로피의 변화를 $(\Delta S)_H$라고 쓰면

$$(\Delta S)_H = \frac{(\Delta Q)_H}{\theta_H} = -\frac{Q}{\theta_H} \quad \text{(2–3–2)}$$

가 된다. 반대로 차가운 물체는 열을 Q만큼 얻었으므로 열의 변화량은 $+Q$가 된다. 차가운 물체에 대해서는 첨자를 C로 쓰자. 그러면 차가운 물체의 엔트로피의 변화는

$$(\Delta S)_C = \frac{(\Delta Q)_C}{\theta_C} = \frac{Q}{\theta_C} \quad \text{(2–3–3)}$$

가 된다. 두 물체가 접촉했으니 전체 계는 접촉한 두 물체로 이루어져 있다. 이때 전체 계의 엔트로피의 변화량을 뜨거운 물체의 엔트로피의 변화량과 차가운 물체의 엔트로피의 변화량의 합으로 정의하자. 그러면 전체 계의 엔트로피의 변화량 ΔS는 다음과 같이 된다.

$$\begin{aligned} \Delta S &= (\Delta S)_H + (\Delta S)_C \\ &= -\frac{Q}{\theta_H} + \frac{Q}{\theta_C} \quad \text{(2–3–4)} \\ &= \frac{Q}{\theta_H \theta_C}(\theta_H - \theta_C) \end{aligned}$$

뜨거운 물체의 온도가 차가운 물체의 온도보다 높기 때문에

$$\Delta S > 0 \quad (2\text{-}3\text{-}5)$$

이 얻어진다. 이것은 계 전체의 엔트로피가 증가한다는 것을 의미한다. 클라우지우스는 열역학 제2법칙을 엔트로피를 이용해 다음과 같이 다시 썼다.

(열역학 제2법칙) 모든 반응에서 전체 계의 엔트로피가 증가한다.

이 법칙을 '엔트로피 증가 법칙'이라고 하는데 열역학 제2법칙과 같은 뜻이다. 즉 전체 계의 엔트로피가 감소하는 반응은 존재하지 않기 때문에 차가운 물체에서 뜨거운 물체로 열이 저절로 이동할 수 없다.

물리군 반응에서 엔트로피가 점점 증가하면 엔트로피는 무한대가 되는 건가요?

정교수 엔트로피는 시간에 따라 점점 증가하다가 언젠가는 엔트로피의 최대값에 도달하지. 최대값에 도달하고 나면 더 이상 엔트로피는 증가하지 않네.

물리군 그렇군요.

정교수 마지막으로 클라우지우스의 애국심을 소개하겠네.

애국심이 강했던 클라우지우스는 1870년, 50살에 프랑스-프로이센 전쟁에 참전한다. 그는 본 대학교 학생들과 함께 구급대를 만들어 참전했는데, 전쟁에서 다리 부상을 입어 남은 일생을 불편한 다리로 살았다. 이후 1871년 프로이센 정부는 클라우지우스에게 철십자 훈장을 수여했다.

철십자 훈장

열역학 제1법칙과 제2법칙의 연결 _편미분의 이용

정교수　열역학 제1법칙을 엔트로피를 써서 나타낼 수 있네.

$\Delta Q = \theta \Delta S$로 열역학 제1법칙은 다음과 같이 된다.

$$\theta \Delta S = P \Delta V + \Delta E \tag{2-4-1}$$

이 식을 보면 계의 부피와 에너지가 변하면 엔트로피가 변하는 것을 알 수 있다. 그러므로 엔트로피는 계의 부피와 계의 에너지의 함수가 되는데 이것을 $S(V, E)$라고 쓴다.

식 (2-4-1)에서 특별한 경우로 계의 부피가 변하지 않는 경우를 생각하자. 계의 부피가 변하지 않으므로 부피의 변화량 $\Delta V = 0$이 된다. 이때 식 (2-4-1)은

$$\theta \Delta S = \Delta E \tag{2-4-2}$$

또는

$$\frac{\Delta S}{\Delta E} = \frac{1}{\theta} \qquad (2\text{-}4\text{-}3)$$

이 된다. 이때 ΔE가 0으로 가는 극한을 생각해 보자. 이 경우 식 (2-4-3)의 좌변은 S를 E로 미분한 결과가 된다.

물리군　그렇다면 $\frac{dS}{dE}$가 되나요?

정교수　그렇지 않네. $S(V, E)$는 두 개의 변수 V와 E의 함수이네.

이렇게 두 개의 변수 중에서 하나의 변수에 대해서만 미분하는 것을 편미분이라고 한다. 좌변에 ΔE가 0으로 가는 극한을 취하면 V는 변하지 않을 때 $S(V, E)$를 E로 편미분하는 것을 말하고, 수학자들은 이것을

$$\frac{\partial S}{\partial E}$$

라고 쓴다.

식 (2-4-3)은 ΔE가 0으로 가는 극한에서

$$\frac{\partial S}{\partial E} = \frac{1}{\theta}$$

이 된다. 여기서 V가 변하지 않는다는 것을 강조하게 위해서

$$\left(\frac{\partial S}{\partial E}\right)_V = \frac{1}{\theta}$$

이라고도 쓴다. 여기서 첨자 V는 V가 변하지 않는다는 것을 의미한다.

물리군　미분은 알겠는데 편미분이 뭔지 좀 더 쉽게 설명해 주실 수 있나요?

정교수　함수 $y = f(x)$를 생각해 보게.

이 함수는 변수 1개(x)를 갖고 있다. 이렇게 변수 1개를 갖고 있는 함수를 일변수함수라고 한다. 다음 그림은 일변수함수 $y = x^3 + 2x - 6$의 그래프이다.

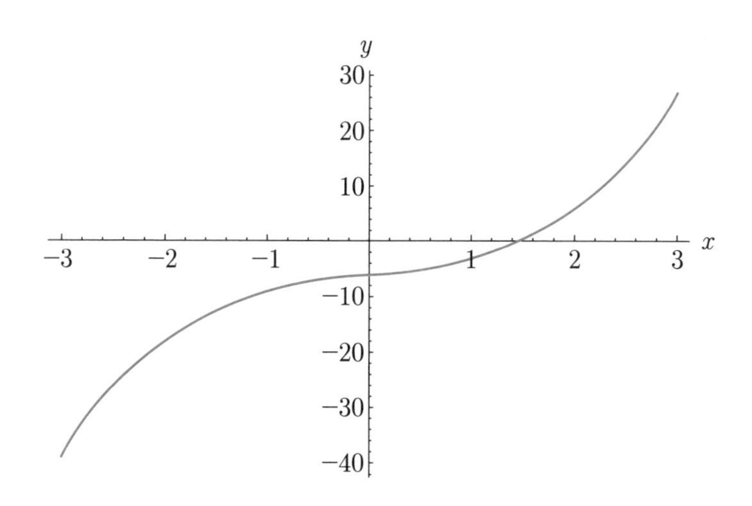

물리군 곡선이 나오네요.

정교수 함수 $z = f(x, y)$를 보면 이 함수는 변수 2개(x와 y)를 갖고 있네.

이렇게 변수가 2개인 함수를 이변수함수라 부른다. 즉, 변수의 개수에 따라 함수의 이름이 달라진다. 변수가 3개면 삼변수함수, 변수가 4개면 사변수함수로 다음 그림은 이변수함수의 그래프이다.

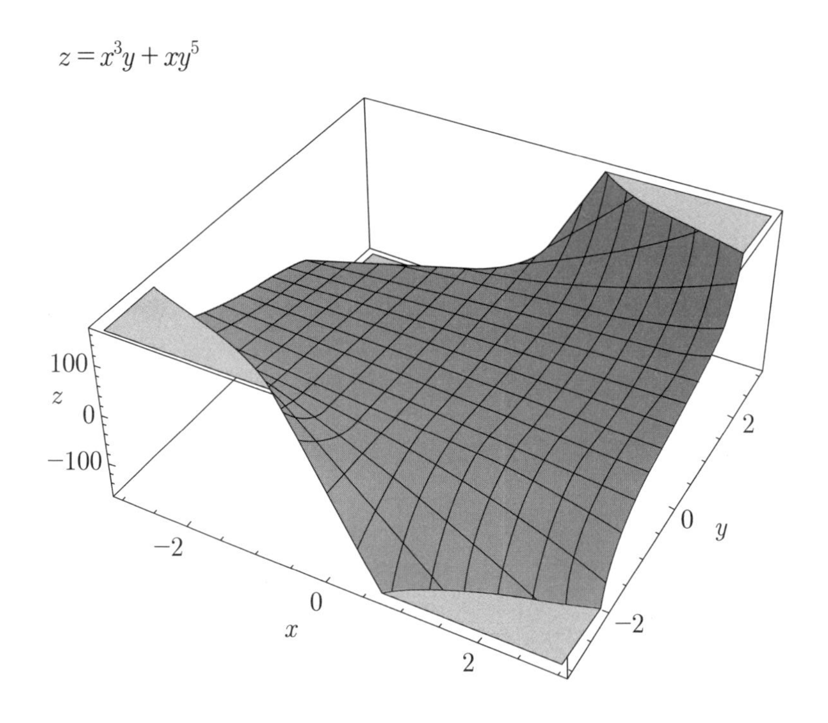

물리군　곡면이 되는군요.

정교수　그렇다네. 미분은 일변수함수와 관계가 있고, 편미분은 변수가 2개 이상인 함수에서 정의되네.

이변수함수에서는 변수가 x, y 2개이므로 x, y의 미분을 각각 정의해야 한다. 이때 똑같이 미분이라는 표현을 쓰면 일변수함수의 미분과 헷갈리므로 이변수함수에서 x에 대한 미분을 x에 대한 편미분이라고 하고, y에 대한 미분을 y에 대한 편미분이라고 부른다.

이변수함수 $z = f(x, y)$의 x에 대한 편미분을 미분 기호와 비슷하게

$$\frac{\partial z}{\partial x} = \frac{\partial f}{\partial x}$$

라고 쓰거나 또는

$$z_x = f_x$$

이라고 쓰고, y에 대한 편미분을 미분 기호와 비슷하게

$$\frac{\partial z}{\partial y} = \frac{\partial f}{\partial y}$$

라고 쓰거나

$$z_y = f_y$$

라고 쓴다.

이변수함수 $z = f(x, y)$의 x에 대한 편미분은

$$\frac{\partial z}{\partial x} = \frac{\partial f}{\partial x} = z_x = f_x = \lim_{h \to 0} \frac{f(x+h, y) - f(x, y)}{h}$$

로 정의한다.

물리군　분자를 보면 y는 그대로이고, x쪽만 달라지는 거네요.

정교수　바로 그것이 x에 대한 편미분의 의미이네.

마찬가지로 y에 대한 편미분은

$$\frac{\partial z}{\partial y} = \frac{\partial f}{\partial y} = z_y = f_y = \lim_{k \to 0} \frac{f(x, y+k) - f(x, y)}{k}$$

로 정의된다. 분자를 보면 x는 그대로이고, y쪽만 달라진다는 것을 알 수 있다. 편미분을 이해할 수 있는 아주 쉬운 문제를 하나만 다루어 보자.

$f(x, y) = x^3y^2$에 대해 f_x, f_y를 구해보자.

먼저 f_x를 구하는 과정은 다음과 같다.

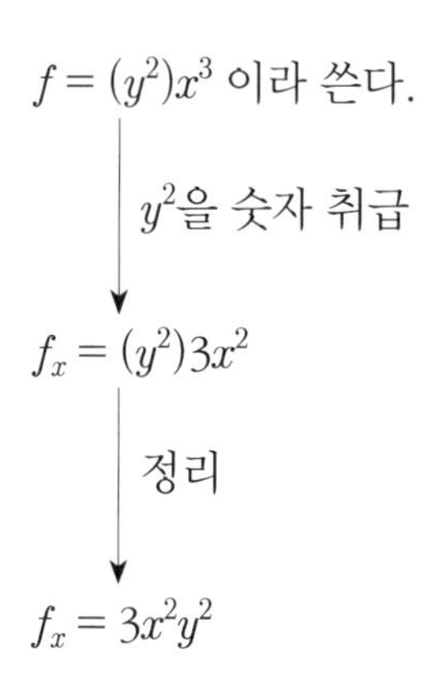

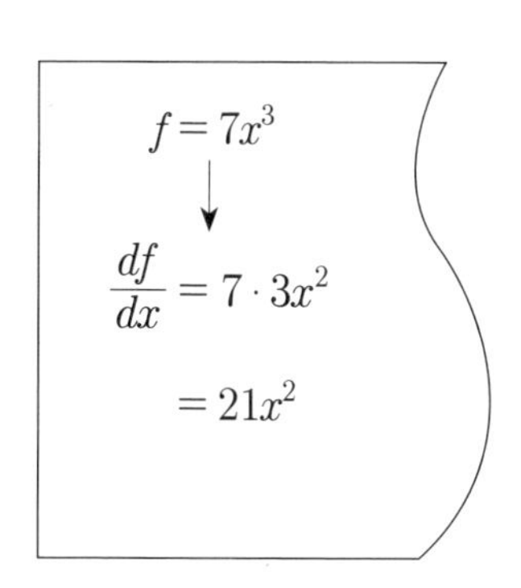

이제 f_y를 구하자.

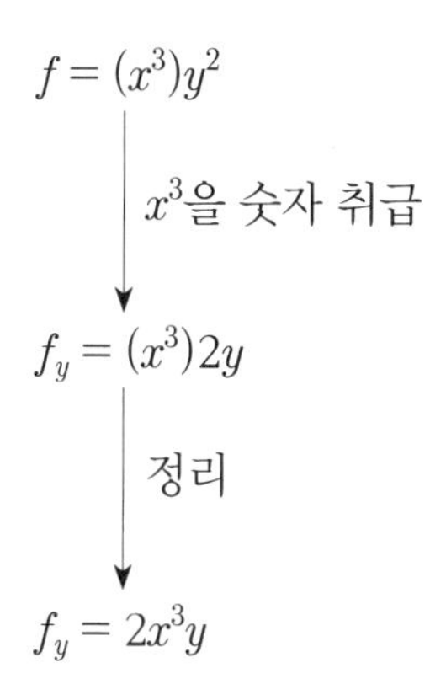

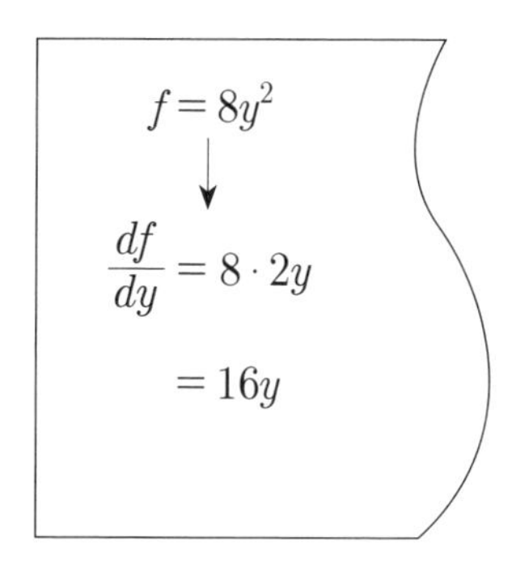

편미분의 정의를 생각하며 구하는 방법은 다음과 같다.

$$f_x = \lim_{h \to 0} \frac{(x+h)^3 y^2 - x^3 y^2}{h}$$

$$= y^2 \lim_{h \to 0} \frac{(x+h)^3 - x^3}{h}$$

$$= y^2 \lim_{h \to 0} \frac{x^3 + 3x^2 h + 3xh^2 + h^3 - x^3}{h}$$

$$= y^2 \lim_{h \to 0} \frac{3x^2 h + 3xh^2 + h^3}{h}$$

$$= y^2 \lim_{h \to 0} (3x^2 + 3xh + h^2)$$

$$= y^2 \cdot (3x^2)$$

물리군 생각했던 것보다 그렇게 어렵지는 않네요.

조합의 수 _ 경우의 수를 헤아리는 4가지 방법

정교수 이제 통계물리의 세계로 들어가기 위해 경우의 수를 헤아리는 4가지 방법에 대해 기억해 보겠네.

물리군 네, 가물가물하긴 해요.

정교수 먼저 순열에 대한 이야기를 떠올려 보지.

n개 중에서 r개를 택해 일렬로 배열하는 경우의 수를 구해보자. 빈

칸 r개를 생각하자.

1번 빈칸에는 n가지 모두 올 수 있다. 하지만 2번 빈칸에는 1번 빈칸에 선택된 것은 올 수 없으니 $(n-1)$가지가 올 수 있다. 3번 빈칸에는 1번, 2번과 다른 것만 올 수 있으니 $(n-2)$가지가 올 수 있다. 이런 식으로 하면 r번째 빈칸에는 $n-(r-1)$(가지)가 올 수 있다. n개에서 r개를 택해 일렬로 배열하는 경우의 수는

$$n \times (n-1) \times (n-2) \times \cdots (n-(r-1))(\text{가지})$$

가 된다.

n개 중에서 r개를 뽑아 일렬로 배열하는 경우의 수를 'n개 중에서 r개를 택한 순열의 수'라고 하고 ${}_nP_r$로 나타낸다. 즉,

$${}_nP_r = n \times (n-1) \times (n-2) \times \cdots (n-(r-1))$$

이 된다. 이 식은 다음과 같이 쓸 수도 있다.

$$ {}_nP_r = \frac{n\times(n-1)\times(n-2)\times\cdots(n-r+1)\times((n-r)\times(n-r-1)\times\cdots\times 2\times 1)}{(n-r)\times(n-r-1)\times\cdots 2\times 1} $$

$$ = \frac{n!}{(n-r)!} \qquad (2\text{–}5\text{–}1) $$

물리군 중복을 허락해 만들 수도 있겠네요?

정교수 그것을 중복순열이라고 부르네.

중복을 허락해서 n개 중에서 r개를 뽑아 일렬로 배열하는 경우의 수는

$$ {}_n\Pi_r = n^r \qquad (2\text{–}5\text{–}2) $$

이다. 빈칸 r개를 생각하자.

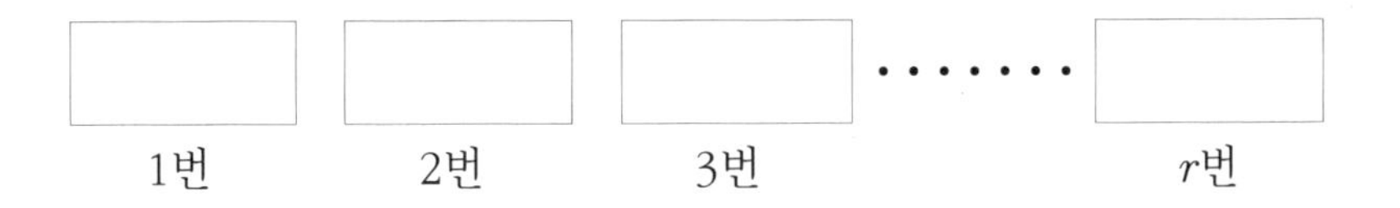

1번 빈칸에는 n가지 모두 올 수 있다. 중복이 되니 2번 빈칸에도 n가지가 올 수 있고, 이런 식으로 r번째 빈칸에도 n가지 모두 올 수 있다. 중복을 허락해 n개에서 r개를 택해 일렬로 배열하는 경우의 수는

$$ \underbrace{n\times n\times\cdots\times n}_{r\text{개}} = n^r $$

이 된다.

물리군 조합에 대해서도 기억해 볼게요.

정교수 n개에서 순서를 따지지 않고 r개를 뽑는 경우의 수를 조합이라고 하고 이때 조합의 수를 ${}_nC_r$로 나타낸다네.

n개에서 r개를 뽑는 조합의 수 ${}_nC_r$은

$${}_nC_r = \frac{{}_nP_r}{r!} \tag{2-5-3}$$

이 된다. 이 식은 다음과 같이 쓸 수도 있다.

$${}_nC_r = \frac{n(n-1)\cdots(n-r+1)}{r!} \qquad (0 \le r \le n)$$

예를 들어, 5개에서 2개를 뽑기만 하는 조합의 수는

$${}_5C_2 = \frac{5 \times 4}{2!} = 10(\text{가지})$$

가 된다. 조합은 다음과 같은 성질이 있다.

$${}_nC_r = {}_nC_{n-r} \tag{2-5-4}$$

물리군 왜 이런 성질이 있는 건가요?

정교수 예를 들어 3명 중 2명은 당번으로 남고 1명은 집에 간다고

가정해 보겠네. 이런 경우의 수는 3명 중 2명으로 당번으로 뽑는 방법의 수나 3명 중 1명을 집에 가는 사람으로 뽑는 방법의 수가 같지.

물리군 그렇군요.

정교수 이제 가장 어려운 것만 남았군.

물리군 뭐죠?

정교수 중복을 허락해서 뽑기만 할 때 경우의 수를 구하는 문제네.

중복을 허락해서 n개 중에서 r개를 선택하는 경우의 수는

$$ {}_nH_r = {}_{n+r-1}C_r \tag{2-5-5}$$

이다. 이것을 n개 중에서 r개를 뽑는 중복조합이라고 부른다.

물리군 이 공식은 잘 기억이 안 나는데요.

정교수 예를 들어 설명해 보겠네.

두 변수 a, b를 중복을 허락하여 3개를 선택하는 경우의 수는

$$ {}_2H_3 $$

라고 쓸 수 있다. 이것을 실제로 구해보면,

$$ a, a, a $$

a, a, b

a, b, b

b, b, b

의 4가지 경우가 나온다. 식 (2-5-5)에 넣어보면

$${}_2H_3 = {}_4C_3 = 4$$

가 된다.

4가지 경우를 다음과 같이 a, b 사이에 칸막이를 넣어서 생각해 보자.

$a, a, a = a, a, a, |$

$a, a, b = a, a, |, b$

$a, b, b = a, |, b, b$

$b, b, b = |, b, b, b$

여기서 칸막이는 a가 있는 곳과 b가 있는 곳에 놓여야 하므로 필요한 칸막이의 개수는 $2 - 1 = 1$(개)가 된다. 칸막이의 왼쪽에 있으면 a이고 오른쪽에 있으면 b를 나타내므로 위 식에서 굳이 a, b를 쓰지 않아도 설명이 가능하다. 즉, 4가지 경우는 다음과 같이 나타낼 수 있다.

○○○|

○○|○

○|○○

|○○○

그러므로 칸막이를 포함해 4개 중에서 칸막이 1개를 선택하는 조합 수와 같다. 여기서 4개는 $3+(2-1)$을 나타내므로

$$_2H_3 = {}_{3+(2-1)}C_1 = {}_4C_1 = {}_4C_3$$

이 된다.

그러므로 $_nH_r$의 경우는 칸막이가 $n-1$개 필요하므로 칸막이 $n-1$개와 r개를 더한 수 중에서 칸막이 $n-1$개를 선택하는 조합 수이다.

즉,

$$_nH_r = {}_{n-1+r}C_{n-1} = {}_{n-1+r}C_r$$

이 된다.

물리군 아하, 칸막이가 중요한 문제였군요!

통계역학의 개척자 볼츠만 _ 엔트로피를 확률과 통계에서 찾다

물리군 클라우지우스는 엔트로피보다는 엔트로피의 변화에 대해서만 고려했네요. 엔트로피는 어떻게 정의되나요?

정교수 그 문제는 오스트리아의 물리학자 볼츠만이 해결했지.

볼츠만(Ludwig Eduard Boltzmann, 1844~1906)

볼츠만은 빈의 외곽에 있는 에르드베르그(Erdberg)에서 태어났다. 그는 초등학교를 다니지 않았는데 부모가 직접 홈스쿨링을 했다. 이후 린쯔에 있는 고등학교를 졸업한 후 1863년 빈 대학에서 물리와 수학을 공부했다. 그는 1866년 슈테판 교수의 지도로 박사학위를 받았다.

볼츠만은 1869년 그라츠 대학의 이론물리학 교수를 시작으로 빈 대학교와 뮌헨 대학교에서 수학과 물리학과 교수를 지냈다. 볼츠만은 분젠과 키르히호프, 헬름홀츠 등과 공동연구를 했고, 그의 제자로는 아레니우스와 네른스트, 에렌페스트, 리제 마이트너와 같은 쟁쟁한 물리학자들이 있다.

1877년 볼츠만은 엔트로피에 대한 유명한 공식을 발표했다. 클라우지우스가 뜨거운 물체에서 차가운 물체로 열이 전달되는 과정에서 엔트로피의 변화라는 새로운 생각을 했다면 볼츠만은 기체의 확산 과정을 생각했다.

물리군 확산이요?

정교수 밀폐된 방에서 향수 뚜껑을 열어두면 그 향기가 방 전체로 퍼져나가지 않나? 이런 현상을 확산이라고 하네.

볼츠만은 모든 반응은 클라우지우스가 말한 것처럼 엔트로피가 증가하는 방향으로 이루어진다고 믿었고, 확산에도 적용된다고 생각했다. 다음과 같은 상황을 생각해 보자.

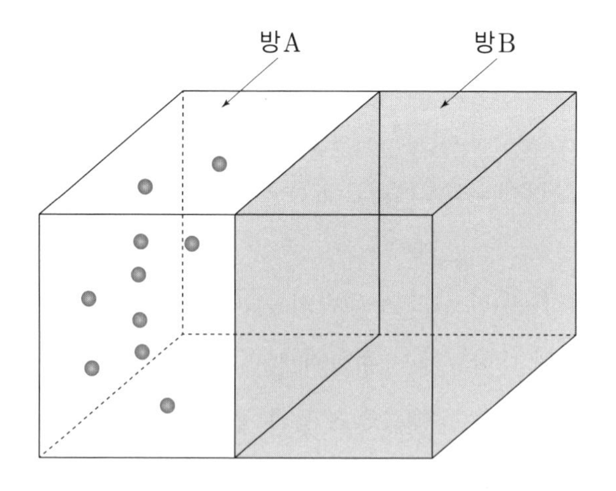

기체 분자 10개가 방 A에 있다고 가정해 보자. 방 B는 비어 있고 두 방 사이에는 칸막이가 있다. 방 A의 분자들은 방을 탈출하려고 할 것이다. 이때 칸막이를 열면 어떤 일이 벌어질까?

물리군 방 A의 분자들이 방 B로 이동하겠죠?

정교수 볼츠만은 이 과정을 경우의 수를 이용해 생각했네.

칸막이를 연 뒤 10개의 분자가 모두 방 A에 머물러 있는 경우는 굉장히 드문 경우이다. 볼츠만은 칸막이를 연 후 분자들의 분포 중에서 경우의 수가 가장 많은 쪽으로 확산 과정이 일어난다고 생각했다. 예를 들어, 방 A에 7개의 분자가 있고 방 B에 3개의 분자가 있을 경우의 수는 10개 중에서 7개를 뽑은 경우의 수인 ${}_{10}C_7$가지가 된다.

물리군 그렇다면

$${}_{10}C_7 = \frac{10!}{7!3!} = 120$$

이 되네요.

정교수 이제 칸막이를 열었을 때 방 A에 있는 분자 수에 따른 경우의 수를 나열해 보겠네.

방 A에 있는 분자 수(개)	경우의 수
0	${}_{10}C_0 = 1$
1	${}_{10}C_1 = 10$
2	${}_{10}C_2 = 45$
3	${}_{10}C_3 = 120$
4	${}_{10}C_4 = 210$
5	${}_{10}C_5 = 252$
6	${}_{10}C_6 = 210$
7	${}_{10}C_7 = 120$
8	${}_{10}C_8 = 45$
9	${}_{10}C_9 = 10$
10	${}_{10}C_{10} = 1$

방 A에 있는 분자 수를 n이라고 하고 그에 대응되는 경우의 수를 W라고 하면 다음과 같은 그래프가 나온다.

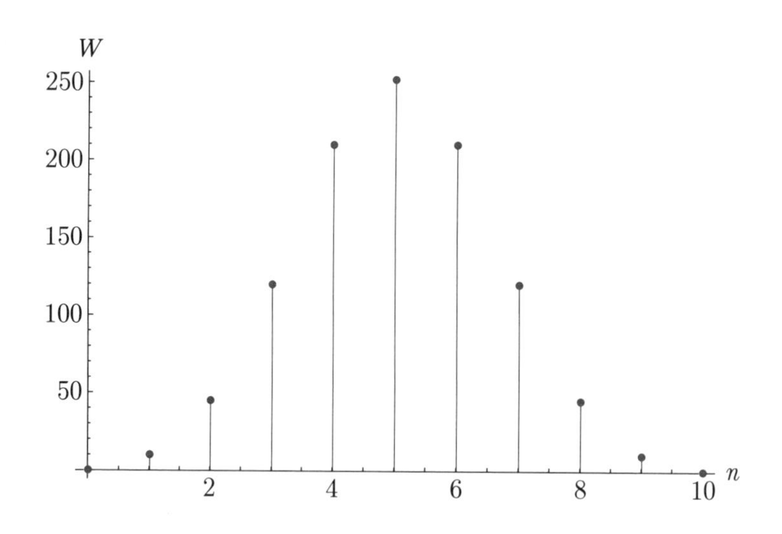

물리군 $n = 5$에 대한 경우의 수가 가장 크군요.

정교수 볼츠만은 향수의 확산은 방 전체에 골고루 퍼지는 방향으로 진행된다고 생각했기 때문에 방 A에서 B로 기체 분자가 이동하는 경우의 수가 가장 큰 각 방에 똑같은 수의 분자가 있는 상태가 될 것이라고 생각했지. 볼츠만은 있을 수 있는 많은 경우 중에서 경우의 수가 가장 큰 상태가 클라우지우스가 이야기한 최대 엔트로피 상태가 된다고 생각했다네.

물리군 엔트로피를 경우의 수로 해석했군요.

정교수 그렇다네. 이번에는 경우의 수와 확률 사이의 관계를 알아보겠네. 칸막이를 열었을 때 일어날 수 있는 모든 경우는 앞의 표에 정리해 두었네.

확률을 구하기 위해서는 전체 경우의 수가 필요하다.

$$(\text{확률}) = \frac{(\text{특정 경우의 수})}{(\text{전체 경우의 수})}$$

여기서 꼭 기억해 둘 점은 어떤 특정 상태의 확률은 특정 상태가 나타나는 경우의 수에 비례한다는 점이다.

물리군 엔트로피는 경우의 수에 비례하는 걸까요?

정교수 아니, 그럴 수 없네. 다음과 같이 두 부분 계로 이루어진 전체 계를 생각해 보겠네.

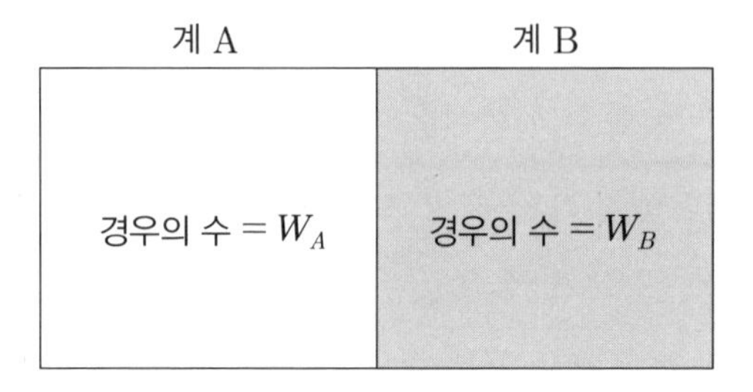

계 A의 경우의 수는 W_A라고 하고 계 B의 경우의 수는 W_B라고 한다. 두 계 A, B가 서로 독립적이라고 할 때 전체 계의 경우의 수를 W라고 하면 아래와 같다.

$$W = W_A W_B \tag{2-6-1}$$

물리군 경우의 수에 대한 곱의 법칙이네요.

정교수 그렇다네. 셔츠의 종류가 세 벌이고 바지가 네 벌일 때 서로 다르게 입고 나갈 수 있는 경우의 수는 3×4(가지)가 되네. 이것이 바로 경우의 수에 대한 곱의 법칙이네.

물리군 왜 엔트로피를 경우의 수에 비례한다고 하면 되는 것일까요?

정교수 엔트로피가 경우의 수에 비례한다고 가정해 보겠네.

$$S = KW \tag{2-6-2}$$

여기서 K는 비례상수이다. 계 A에 대해서는

$$S_A = KW_A \quad (2\text{-}6\text{-}3)$$

가 되고, 계 B에 대해서는

$$S_B = KW_B \quad (2\text{-}6\text{-}4)$$

가 된다. 클라우지우스가 말했듯 부분의 엔트로피를 모두 더하면 전체 엔트로피가 나와야 한다. 즉,

$$S = S_A + S_B \quad (2\text{-}6\text{-}5)$$

가 되어야 한다. 하지만 엔트로피가 경우의 수에 비례한다고 가정하면

$$S = KW_A W_B$$

이다. 이것을 식 (2-6-5)를 만족하지 않는다. 그러므로 엔트로피를 경우의 수에 비례하게 정의할 수는 없다.

물리군 곱셈을 덧셈으로 바꿀 수 있는 장치가 필요하군요.

정교수 그게 바로 로그함수이네. 이제 특별한 로그함수를 사용해 보겠네.

먼저 오일러의 수를 기억해 보자. 지수함수 $y = a^x$에서 x를 지수, a를 밑이라고 한다. 이제 특별한 수를 밑으로 사용한다.

수학자 오일러(Leonhard Euler, 1707~1783)가 처음 발견한 신기

한 무리수 e는 다음과 같이 정의한다.

$$e = \lim_{n \to \infty} \left(1 + \frac{1}{n}\right)^n \qquad (2-6-6)$$

컴퓨터를 이용해 이 수를 계산하면,

$$e = 2.718281828459045235360287471352662497757247093699995\cdots\cdots$$

가 된다. 이 수는 원주율 π와 더불어 루트를 사용하지 않는 유명한 무리수이다.

물리군 고등학교 때 배우긴 했는데 잘 기억이 안 나요. 오일러 수와 친해지는 방법이 있나요?

정교수 자네가 a원을 은행에 예금했다고 생각해 보겠나?

연리는 r이라고 하고. 1년 후 통장의 돈은

$$a(1+r) \quad (원)$$

이 된다. 2년 후 통장의 돈은

$$a(1+r)^2 \quad (원)$$

이 되고, 3년 후 통장의 돈은

$$a(1+r)^3 \ \ (\text{원})$$

이 된다. 일반적으로 n년 후 통장의 돈은

$$a(1+r)^n \ \ (\text{원})$$

이 된다.

이렇게 이자로 돈이 불어나는 방식을 복리라고 한다. 이제 이율을 재미있게 선택해 보자. 이율을 n의 역수로 택하자. 은행에 맡긴 돈을 1원으로 한 뒤, n년 후 통장의 돈을 $M(n)$이라고 하면

$$M(n) = \left(1+\frac{1}{n}\right)^n \ \ (\text{원})$$

이 된다. n에 1부터 10까지의 수를 차례로 넣은 값을 소수점 네 자리 수까지 나타내면 다음과 같다.

$$M(1) = 2$$
$$M(2) = 2.25$$
$$M(3) = 2.3704$$
$$M(4) = 2.4414$$
$$M(5) = 2.4883$$
$$M(6) = 2.5216$$
$$M(7) = 2.5465$$

$M(8) = 2.5658$

$M(9) = 2.5812$

$M(10) = 2.5937$

물리군 n이 커질수록 점점 커지긴 하지만 오일러 수는 나타나지 않는군요.

정교수 n이 너무 작아서 그런 거네. n에 좀 더 큰 값을 넣어 보겠네.

$M(100) = 2.7048$

$M(1000) = 2.7169$

$M(10000) = 2.7182$

$M(100000) = 2.7183$

물리군 n이 커지니까 오일러 수에 가까워져요.

정교수 이런 식으로 n을 점점 더 크게 해서 무한대로 보내면 오일러 수가 나타나네. 그래프로 나타내면 다음 그림과 같지.

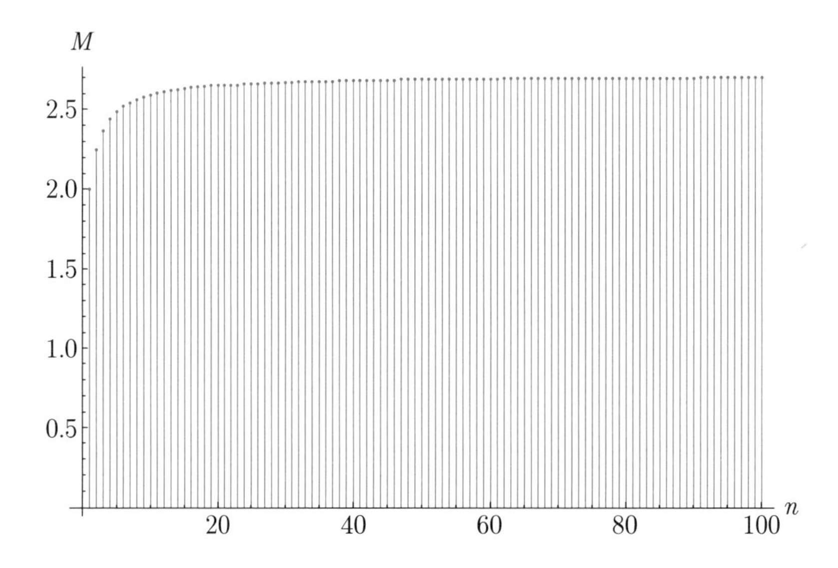

이제 밑을 e로 갖는 지수함수

$$y=e^x \qquad (2\text{-}6\text{-}7)$$

를 생각해 보자. 이것을 그래프로 그리면 다음과 같다.

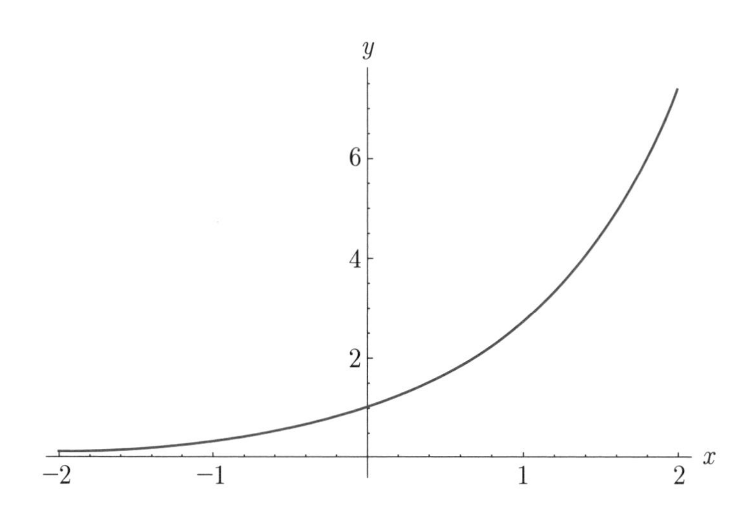

물리군 증가함수가 되네요.

정교수 $y = e^x$의 역함수는 뭔가?

물리군 그건

$$y = \log_e x$$

예요.

정교수 밑이 e인 로그를 수학자들은 자연로그라고 하고 ln으로 쓴다네.

$$y = \log_e x = \ln x \tag{2-6-8}$$

이 함수의 그래프는 다음과 같다.

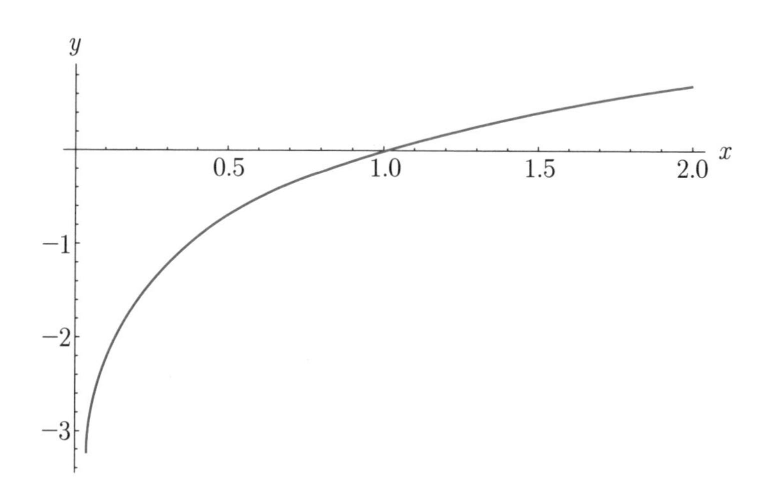

물리군 자연로그도 증가함수군요.

정교수 그렇다네. 볼츠만은 엔트로피를 다음과 같이 정의했네.

$$S = k \ln W \tag{2-6-9}$$

이것은 볼츠만의 엔트로피 정의 식이다. 여기서 k는 앞에서 이야기한 볼츠만 상수이다. 이러면 엔트로피의 단위는 클라우지우스가 정의한 엔트로피의 단위와 같아진다.

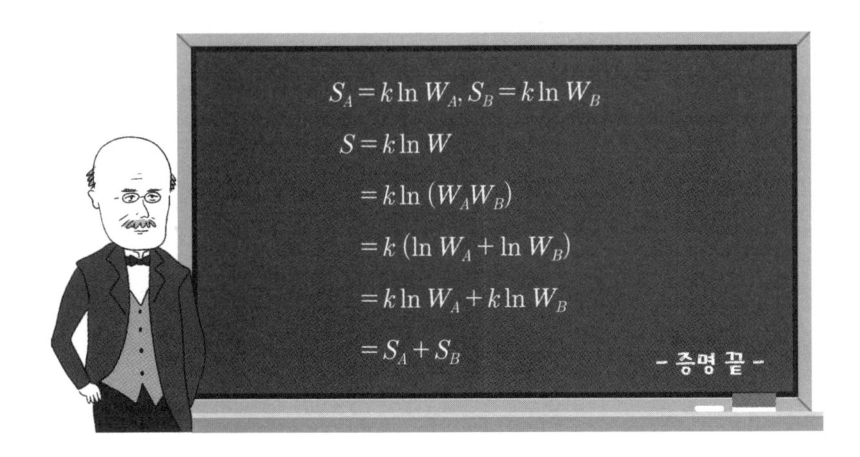

물리군 로그함수를 쓰니까 문제가 해결되는군요. 드디어 플랑크의 1901년 논문에 나오는 식 하나를 알게 되었어요. 논문에 16개의 식이 나오니까 논문의 16분의 1을 이해한 셈이에요!

정교수 그렇네. 로그함수는 증가함수이니까 경우의 수가 커질수록 경우의 수의 로그 값도 커지게 되네. 즉 경우의 수가 커질수록 엔트로피도 커지지.

경우의 수가 커지는 것은 골고루 섞이는 경우를 말하는데 이 경우를 '질서가 가장 없다'라고 한다. 볼츠만의 해석에 따르면 엔트로피는 질서가 가장 없을수록 커진다. 물리학자들은 질서가 가장 없는 것을 무질서도(entropy)가 가장 크다고 말한다. 즉, 엔트로피가 최대가 되는 것은 무질서도가 최대가 되는 것을 말한다.

볼츠만 인자의 탄생 _ 에너지가 무한대로 가면 0이 된다

정교수 볼츠만의 천재성은 여기서 끝나지 않네.

물리군 더 위대한 일을 했다는 건가요?

정교수 볼츠만의 엔트로피의 정의도 위대하지만, 이제 들려줄 이야기는 더 멋진 시나리오지.

볼츠만은 계가 평형 온도 θ로 환경과 열평형을 이루고 있을 때 계의 에너지가 E가 될 확률을 $P(E)$라고 하면

$$P(E) \propto e^{-\frac{E}{k\theta}} \tag{2-7-1}$$

가 된다는 것을 알아냈다. 여기서 $e^{-\frac{E}{k\theta}}$를 볼츠만 인자라고 부른다. 다음 그림은 $k\theta$가 1일 때 볼츠만 인자의 그래프이다.

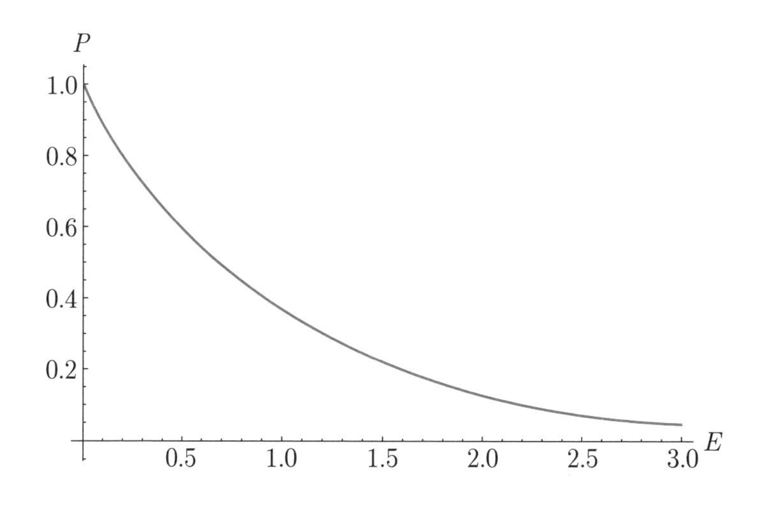

물리군 작은 에너지를 가진 계를 관측할 확률은 높고, 계의 에너지가 커질수록 확률이 낮아지는 거네요.

정교수 맞네. 볼츠만 인자는 에너지가 무한대가 되면 0으로 수렴하네.

물리군 어떻게 알아낸 거죠?

정교수 음…, 조금 어려운 내용일 수 있지만 잘 따라와 보게.

물리군 네!

정교수 볼츠만은 우리가 관심 있는 계와 환경을 다시 떠올렸네.

예를 들어, 컵에 담긴 냉커피를 관심 있는 계라고 하면 냉커피를 제외한 나머지 부분의 우주 전체가 환경이 된다. 이때 전체 계는 우주 전체가 된다. 이제 전체 계의 에너지를 E_T라고 쓰자. 이 에너지는 절대로 변하지 않는 양이다. 볼츠만은 우리가 관심 있는 계의 에너지를 E라고 하고 환경이 가진 에너지를 E_S라고 했다. 그러므로

$$E_T = E + E_S \tag{2-7-2}$$

이다. E_T가 상수이기 때문에 계의 에너지 E가 변하면 환경의 에너지도 $E_T - E$로 변하게 된다. 그러므로 계와 환경을 함께 고려할 때 변수는 E 하나가 된다. 볼츠만은 계의 에너지가 E일 때의 경우의 수가 계의 에너지에 의존한다고 생각해서 $W(E)$라고 두었다. 그런데 계와 환경은 독립적이므로 이 경우의 수는 계의 경우의 수와 환경의 경우의 수의 곱이 된다.

$$W(E) = W_{계}(E) \cdot W_{환경}(E_S) \qquad (2\text{-}7\text{-}3)$$

경우의 수는 확률에 비례하므로 계의 에너지가 E일 확률을 $P(E)$라고 하면

$$P(E) \propto W(E) \qquad (2\text{-}7\text{-}4)$$

또는

$$P(E) \propto W_{계}(E) \cdot W_{환경}(E_S) \qquad (2\text{-}7\text{-}5)$$

이다.

물리군 네, 여기까지는 이해했어요.

정교수 계의 에너지가 E를 갖는 것은 계의 에너지가 확정된다는 걸 의미하므로

$$W_{계}(E) = 1 \ (\text{가지})$$

가 되네. 그러므로

$$P(E) \propto W_{환경}(E_S) \qquad (2\text{-}7\text{-}6)$$

가 되네. 이 식을 다시 쓰면,

$$P(E) \propto W_{환경}(E_T - E) \qquad (2\text{-}7\text{-}7)$$

여기서 $W_{환경}(E_T - E)$을 보자. E_T가 상수이기 때문에 $W_{환경}(E_T - E)$는 E의 함수이다. 이제 다음 함수를 생각해 보자.

$$\ln W_{환경}(E_T - E)$$

이 함수 역시 E의 함수이다. 그러므로 이 함수를 다음과 같이 급수로 나타낼 수 있다.

$$\ln W_{환경}(E_T - E) = a_0 + a_1 E + a_2 E^2 + \cdots \qquad (2\text{–}7\text{–}8)$$

우리가 관심 있는 계는 전체 계 (우리가 관심 있는 계 + 환경)에 비해 작다. 그러므로 우리가 관심 있는 계의 에너지는 전체 계의 에너지에 비해 턱없이 작다. 그러므로 식 (2–7–8)은 다음과 같이 근사식으로 나타낼 수 있다.

$$\ln W_{환경}(E_T - E) \approx a_0 + a_1 E \qquad (2\text{–}7\text{–}9)$$

물리군 a_0와 a_1은 어떤 값을 갖나요?

정교수 식 (2–7–9)의 양변에 $E = 0$를 대입해 보면,

$$\ln W_{환경}(E_T) = a_0 \qquad (2\text{–}7\text{–}10)$$

이므로, a_0는 상수가 된다네.

물리군 a_1은 어떻게 구하나요?

정교수 식 (2–7–8)의 양변을 E로 미분해 보게. 그리고 $E = 0$을 대입

해 보게.

$$\frac{d}{dE}(\ln W_{환경}(E_T - E))|_{E=0} = a_1 \qquad (2\text{-}7\text{-}11)$$

이 된다. 위 식은

$$-\frac{d}{dE_S}(\ln W_{환경}(E_S))|_{E=0} = a_1 \qquad (2\text{-}7\text{-}12)$$

이 된다. 한편, 환경의 엔트로피는

$$S_{환경} = k \ln W_{환경}$$

이므로

$$a_1 = -\frac{1}{k}\frac{dS_{환경}}{dE_S}$$

이 된다. 계와 환경이 온도 θ로 평형을 이루면 열역학 제2법칙에 의해,

$$\frac{dS_{환경}}{dE_S} = \frac{dS_{계}}{dE} = \frac{1}{\theta}$$

이므로

$$a_1 = -\frac{1}{k\theta}$$

가 된다.

그러므로

$$\ln W_{환경}(E_T - E) \approx a_0 - \frac{1}{k\theta}E$$

가 되어,

$$W_{환경}(E_T - E) \propto e^{-\frac{E}{k\theta}}$$

가 된다. 이것을 식 (2-7-7)에 넣으면,

$$P(E) \propto e^{-\frac{E}{k\theta}}$$

이다.

물리군　멋진 공식이네요!

세 번째 만남

•

흑체복사의 영웅들

정교수 이제 빛에 대해 조금 알아볼 필요가 있네. 빛을 프리즘에 통과시키면 여러 가지 색깔의 아름다운 무지개를 볼 수 있지. 이것을 스펙트럼(spectrum)이라고 부르네.

정교수 스펙트럼은 연속적이지? 그래서 이 스펙트럼을 연속 스펙트럼이라고 하네.

물리군 왜 스펙트럼이 생기는 건가요?

정교수 파동에 대해 조금 알아야겠군. 줄의 한쪽을 벽에 매달고 다른 한쪽을 위아래로 흔들면 줄이 파도처럼 출렁거리는 모습이 되지.

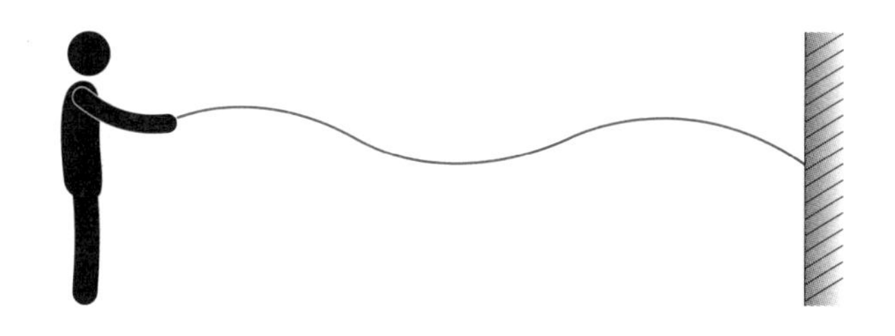

이때 줄을 이루는 점들을 질점이라고 부르는데 파동은 각 질점의 진동(오르락내리락하는 움직임)이 옆으로 연속적으로 퍼져나가는 현상이네.

물리군 질점이 모여서 줄이 만들어지네요.

정교수 그렇다네. 질점은 점이기 때문에 하나의 줄 속에 질점은 무한개가 생기지. 질점은 위아래로 진동할 뿐 옆으로 움직이지 않네. 이렇게 물질 자체는 이동하지 않고 물질을 이루는 각 질점에서의 진동이 옆으로 퍼져나가는 현상을 파동 또는 파동현상이라고 부르네. 이 질점을 모두 모은 것을 '파동의 매질'이라고 부르지. 줄에 생긴 파동의 매질은 줄 그 자체네. 다른 파동의 매질을 생각해 보겠네. 물에 돌을 던지면 동심원의 파문이 생기는데 이것을 수면파라고 하지. 이 파동의 매질은 물이네.

수면파

물리군 줄에 생긴 파동의 모습이 사인함수 모양이군요.

정교수 맞네. 사인함수 모양의 파동을 '사인파'라고 하네. 사인파는 언덕 부분과 골짜기 부분이 나타나는데 언덕 부분을 '마루'라고 하고 골짜기 부분을 '골'이라 부르네.

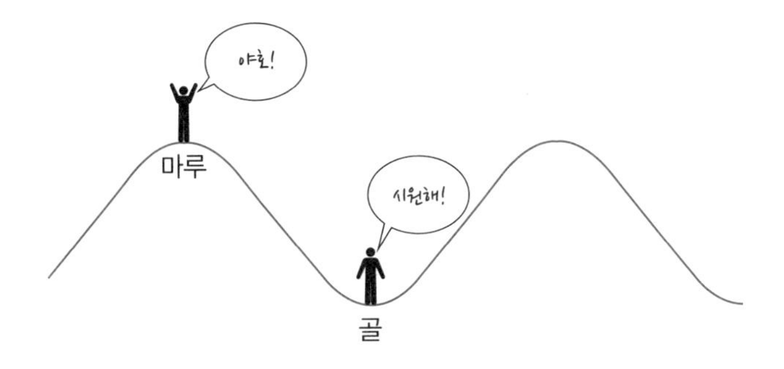

첫 번째에서 두 번째 마루가 나타날 때까지 걸린 시간을 '파동의 주기'라고 부르고 T라고 쓴다. 첫 번째 마루와 두 번째 마루 사이의 거리를 '파장'이라고 부르고 그리스 문자인 'λ(람다)'라고 쓴다. 파장과 주기 사이에는 다음과 같은 공식이 성립한다.

$$\lambda = vT \tag{3-1-1}$$

여기서 v는 파동의 속도이다.

물리군　진동수는 뭔가요?

정교수　주기는 매질의 한 질점이 진동을 한 번 완료하는 데 걸리는 시간이네. 이때 매질의 한 질점이 1초 동안 진동하는 횟수를 '진동수'라고 부르지. 물리학자들은 진동수를 그리스 문자 'ν(뉴)'라고 쓰기로 했네.

주기가 길면 매질의 한 지점이 한 번 진동을 완료하는 데 걸린 시간이 길기 때문에 1초 동안 진동하는 횟수는 작아진다. 진동수는 주기와 반비례한다. 즉, 진동수는 주기의 역수이다.

$$\nu = \frac{1}{T} \tag{3-1-2}$$

식 (3-1-2)은 다음과 같이 쓸 수 있다.

$$\lambda = \frac{v}{\nu} \tag{3-1-3}$$

주기가 파장에 비례하므로 진동수는 파장에 반비례한다. 파장이 길면 진동수는 작고 파장이 짧으면 진동수는 크다. 진동수의 단위는 헤르츠(Hertz)인데 매질의 한 질점이 1초에 두 번 진동을 완료하면 이 파동의 진동수는 2Hz가 된다. 다음 그림은 파장이 길고 짧은 사인파의 그래프이다.

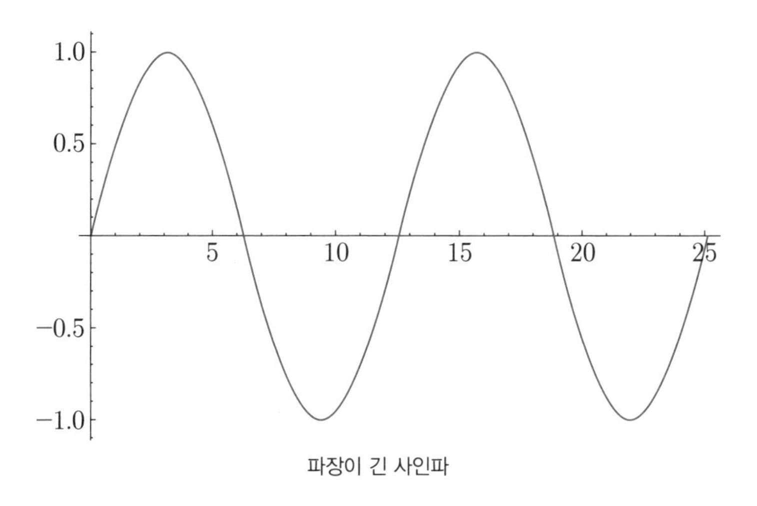

파장이 긴 사인파

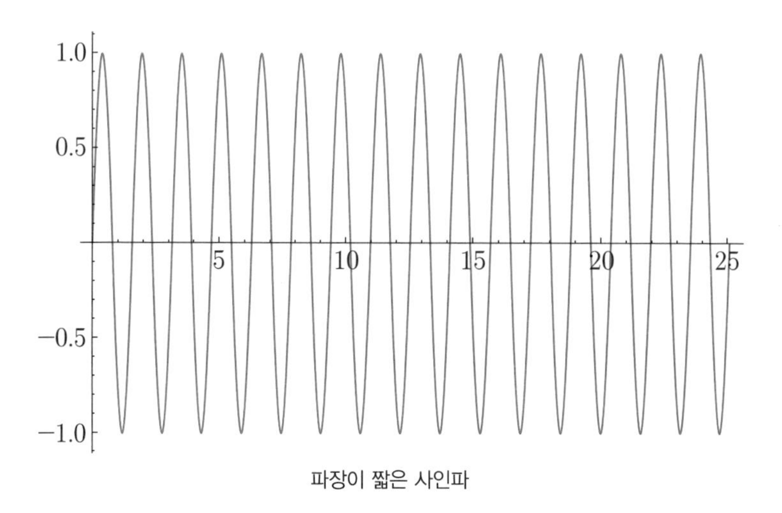

파장이 짧은 사인파

물리군 빛도 파동인가요?

정교수 빛은 전자기파라는 파동이네. 이 파동은 파장에 따라 다른 색깔을 띠네. 빨강에서 보라색까지 띠는 빛을 가시광선(visible light)이라 부르지. 서양에서는 일곱 색깔을 빨강, 오렌지, 노랑, 초록, 시안, 파랑, 보라로 부른다네. 시안색은 우리말로 옥색이라고도 하지.

물리군 우리랑 조금 다르네요.

정교수 가시광선은 파장이 짧을수록 빨강에서 오렌지, 노랑, 초록, 시안, 파랑, 보라로 변하네. 가시광선의 파장과 진동수는 다음과 같이 정리했네.

색	파장(nm)	진동수 (THz)
빨강	625~750	400~480
오렌지	590~625	480~510
노랑	565~590	510~530
초록	500~565	530~600
시안	485~500	600~620
파랑	450~485	620~670
보라	380~450	670~790

물리군 nm이 뭐죠?

정교수 나노미터(nano meter)로 짧은 길이를 측정할 때의 단위지. 길이의 단위는 다음과 같네.

$1\text{m} = 10^3\text{mm}$

$1\text{m} = 10^6\mu\text{m}$

$1\text{m} = 10^9\text{nm}$

즉, 1nm는 10억 분의 1m지.

물리군 THz는 뭔가요?

정교수 높은 진동수를 나타내는 단위 중 하나지. 높은 진동수를 재는 단위는 다음과 같은 것들이 있네.

$$1\text{kHz} = 10^3\text{Hz}$$

$$1\text{MHz} = 10^6\text{Hz}$$

$$1\text{GHz} = 10^9\text{Hz}$$

$$1\text{THz} = 10^{12}\text{Hz}$$

물리군 가시광선의 파장은 아주 짧고 진동수는 크군요.

정교수 그렇네. 빛의 속도는 주로 c라고 쓰는데, 약 초속 30만km이지. 이것을 다음과 같이 쓸 수 있네.

$$c \fallingdotseq 3 \times 10^8 (\text{m/s})$$

빛의 파장 λ와 진동수 ν 사이의 관계는

$$\lambda = \frac{c}{\nu} \tag{3-1-4}$$

가 되네.

물리군 우리 눈에 보이지 않는 빛도 있나요?

정교수 눈에 보이지 않는 빛을 영어로는 '비가시광선(invisble light)'이라고 하네. 우리 눈에 보이지 않는 빛일 때는 빛이라는 단어보다 전자기파라는 단어를 사용하네. 빨강보다 파장이 더 긴 전자기파를 적외선이라 부르고 보라보다 파장이 더 짧은 전자기파를 자외

선이라 부르지. 자외선보다 파장이 더 짧은 전자기파는 X선이고 그보다 파장이 더 짧으면 감마선이라고 부른다네.

물리군 그렇군요.

프라운호퍼, 분광학의 문을 열다 _ 스펙트럼 흡수선의 발견

정교수 이제 독일의 과학자 프라운호퍼의 연구를 살펴보겠네.

프라운호퍼(Joseph Ritter von Fraunhofer, 1787~1826)

프라운호퍼는 1787년 독일에서 태어났다. 그의 아버지는 유리직공으로 자식을 11명을 낳았고 그중 프라운호퍼는 막내였다. 그러나 프라운호퍼가 11살이 되던 해 부모님이 돌아가시면서 그의 후견인은 프라운호퍼를 독일 뮌헨에 있는 유리장인의 문하생으로 보냈다.

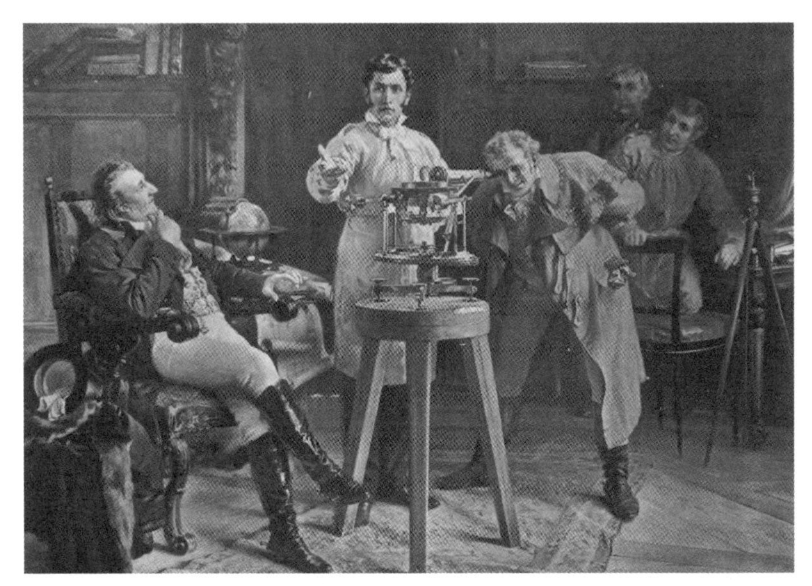

분광기를 시연하는 프라운호퍼

프라운호퍼가 14살이 되었을 때 유리 작업장이 붕괴되면서 매몰되는 사건이 벌어졌다. 다행히 그는 구조대의 도움으로 무사히 구출되었고, 이 사건은 신문을 통해 대대적으로 보도되었다. 이 사건에 관심을 보였던 한 귀족은 신문을 읽은 뒤 프라운호퍼에게 장학금을 수여했다. 그는 이 돈으로 유리 세공을 연구하기 위한 실험 장치와 책을 구입해 물리학과 수학을 공부하기 시작했다. 이후 그는 광학 유리와 렌즈 제작자로 유명해지기 시작했다.

어느 날 프라운호퍼는 빛이 유리 속에서 어떻게 굴절되는지 연구하던 중 가열된 나트륨에서 나온 빛을 프리즘에 통과시켰더니 놀랍게도 노란색 선스펙트럼이 나타난다는 것을 알아냈다. 이 빛은 파장이 589nm 정도인 노란 빛이었다. 그는 이 선을 '나트륨의 D선'이라고 불렀다. 이렇게 가열된 원자에서 방출된 스펙트럼을 '방출 스펙트럼'이라고 부른다.

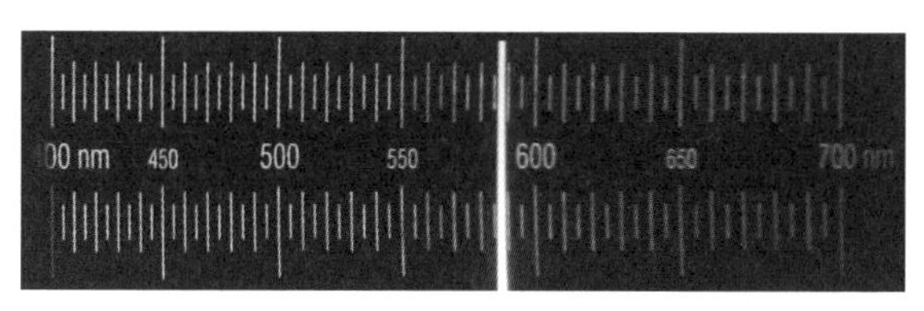

나트륨의 선스펙트럼

프라운호퍼는 태양 빛의 스펙트럼을 조사했고, 스펙트럼에 324개의 검은 선이 있다는 것을 알아냈다. 이 검은 선들을 '프라운호퍼 선'이라고 부른다.

프라운호퍼 선과 기념 우표

프라운호퍼의 연구로 별에서 오는 빛을 분광학적으로 분석하는 일이 가능해졌다. 그는 1822년 명예박사학위를 받았으며 1823년에는 교수 직위, 1824년에는 기사 작위까지 받았다. 1826년 생을 마감한 그의 묘비에는 '그는 우리를 별에 더 가깝게 이끌었다'라고 적혀 있다.

키르히호프의 법칙 _ 빛의 흡수와 방출의 비는 일정하다

정교수 프라운호퍼의 연구를 확장한 물리학자는 키르히호프라네. 키르히호프는 1824년 프로이센의 쾨니히스베르크(Königsberg)에서 태어났네.

키르히호프(Gustav Robert Kirchhoff, 1824~1887)

물리군 키르히호프는 독일 사람인가요?

정교수 세계사를 조금 알아야 하네. 키르히호프가 태어나던 해에는 독일이라는 나라는 없었지. 다음 지도를 보게. 파란색 지역이 1866년 당시 프로이센의 영토네. 지금의 북부 독일과 폴란드 서부 일부 지역이 프로이센의 땅이지.

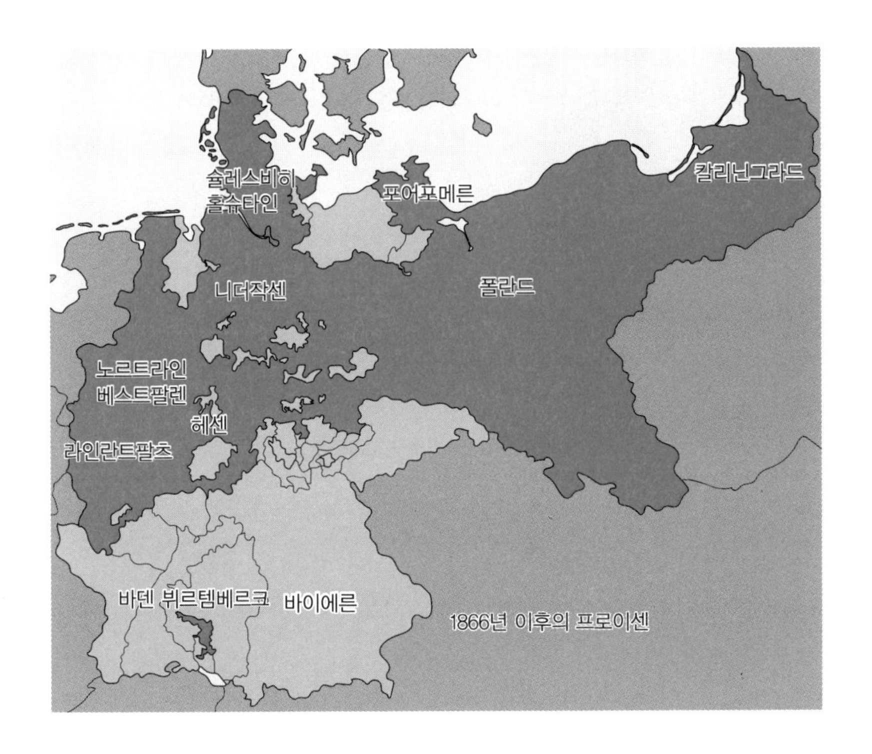

키르히호프의 아버지는 변호사였다. 1847년 키르히호프는 쾨니스베르크의 알베르투스 대학교를 졸업하고 수리·물리 세미나에 참석해 당시 최고의 수학자인 자코비와 노이만의 강의를 듣는다. 그 후 베를린 대학에서 공부를 하며 전기회로에 대한 키르히호프 법칙을 발표한다.

1854년 하이델베르그 대학으로 자리를 옮긴 키르히호프는 분젠(Robert Wilhelm Eberhard Bunsen, 1811~1899)과 열의 복사를 공동 연구한다. 1858년 나트륨 D선을 연구하던 독일의 키르히호프는 프라운호퍼와 반대의 생각을 했다.

(좌)키르히호프, (우)분젠

물리군 어떤 반대의 생각인가요?

정교수 프라운호퍼는 가열된 나트륨에서 나오는 선스펙트럼을 발견했지. 키르히호프는 반대로 모든 파장의 빛이 섞여 있는 백색광을 나트륨 증기가 가득 차 있는 상자로 보낸 뒤 상자에서 나온 빛을 프리즘에 통과시켜 보았네.

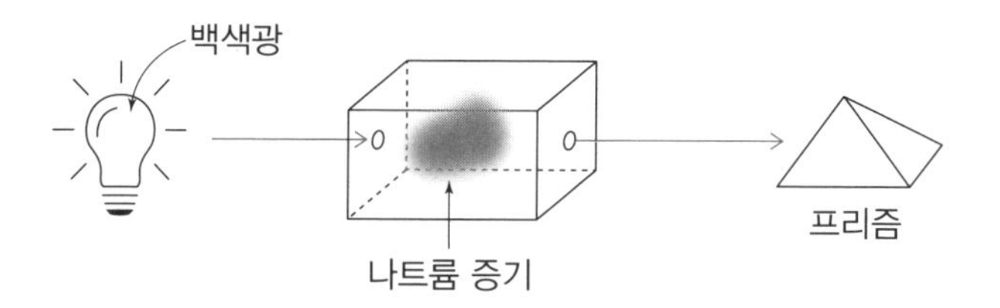

키르히호프는 스펙트럼에서 검은 선을 발견했다. 놀랍게도 그 검은 선의 위치는 바로 프라운호퍼 D선의 위치였다.

키르히호프는 나트륨 증기가 백색광 속에 들어 있는 모든 파장의 빛 중에서 나트륨 D선만 흡수하는 성질이 있으며 나트륨 증기가 가열되면 나트륨이 흡수했던 나트륨 D선을 방출한다는 사실을 알게 되었다.

물리군 받은 대로 내보내는 거네요?

정교수 그렇다네. 키르히호프는 물질은 특정 파장의 빛을 흡수하는 성질이 있고, 이 물질을 가열하면 흡수했던 파장의 빛을 방출한다는 사실을 알아낸 거네. 이것을 키르히호프의 빛의 흡수와 방출에 관한 법칙이라고 부른다네. 따라서 물질의 스펙트럼을 조사하면 그 물질 속에 어떤 원소들이 들어 있는지 알 수 있지. 이렇게 물질의 스펙트럼을 조사하는 것을 '분광학'이라고 하고 이런 장치를 '분광기'라고 부른다네.

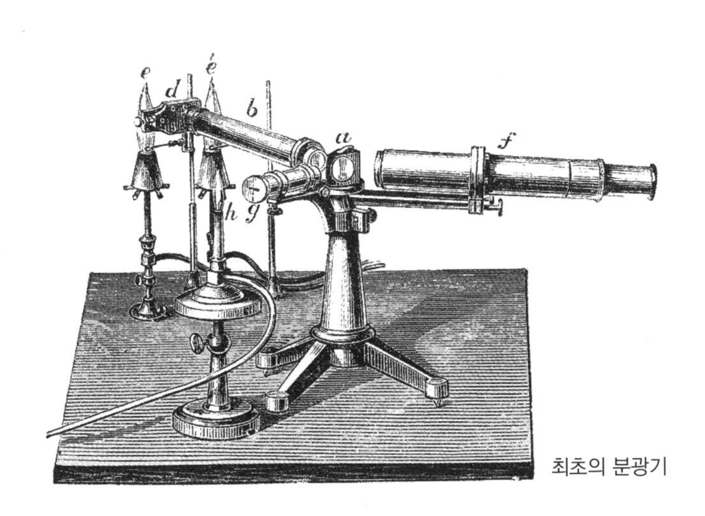

최초의 분광기

슈테판, 열복사의 신비를 풀다 _ 지구가 뜨거워지는 이유

정교수　이번에는 열의 세 가지 이동 방식에 대해 이야기해 보겠네.

열은 뜨거운 물체에서 차가운 물체로 이동한다. 열의 이동 방식은 전도, 대류, 복사 세 가지가 있다. 먼저 열의 전도에 대해 알아보자. 이것은 주로 고체 물질을 통해 열이 이동하는 방식이다. 물질을 구성하는 입자가 열을 이웃 입자로 보내는 방식이다.

물리군　라면을 쇠젓가락으로 저으면 뜨거워지는 현상이 바로 열의 전도네요.

정교수　그렇네. 쇠젓가락의 물에 담긴 부분이 열을 얻으면 쇠라는 물질을 통해 손잡이 부분으로 열이 전달되지. 열의 전도는 고체 물질이 금속일 때 더 빠르게 전달된다네.

열의 대류는 액체나 기체 상태의 물질에서 열이 이동하는 방식이다. 냄비 속에 물을 채워 열을 가하면 물의 아래쪽이 먼저 뜨거워지고, 그 열이 액체 상태인 물을 통해 이동해 위쪽에 열을 전달한다. 스팀은 열의 대류를 이용해 방 전체를 따뜻하게 하는 장치이다.

물리군　열의 전도는 고체 물질을 통해 열이 이동하는 방식이고, 열의 대류는 액체나 기체 상태의 물질을 통해 열이 이동하는 방식이네요. 그렇다면 열의 복사는 어떤 상태의 물질을 통해 열이 이동하는 건가요?

정교수 열의 복사는 어떤 물질도 필요로 하지 않네. 지구는 왜 따뜻한가?

물리군 태양이 있기 때문이죠.

정교수 태양의 열이 지구로 이동하기 때문이네.

태양과 지구 사이에는 열의 전도를 일으킬 고체 물질이나 열의 대류를 일으킬 액체나 기체 물질이 없다. 그러나 태양의 열이 지구로 전달되는데 이렇게 어떤 물질도 거치지 않고 열이 뜨거운 물체에서 차가운 물체로 전달되는 것을 '열의 복사'라고 부른다. 이때 태양과 같이 복사를 통해 차가운 물체에게 열을 주는 물체를 '복사체'라고 부른다.

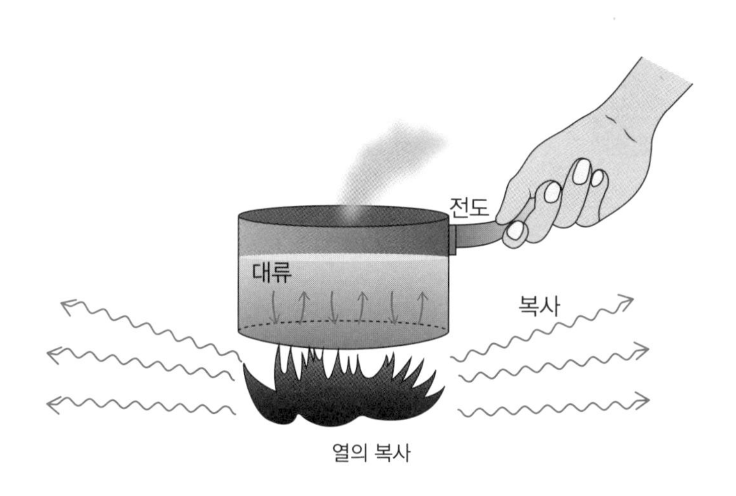

열의 복사

물리군 태양과 지구 사이에 어떤 물질도 없는데 어떻게 열이 전달되는 걸까요?

정교수 태양에서 지구로 빛이 오는 것으로 즉 전자기파지. 지구로 온 빛은 에너지를 갖고 있는데, 이 에너지가 지구에 공급되어 지구를 따뜻하게 하지. 이렇게 복사체에서 나온 전자기파를 '열복사선'이라고 부르고 복사체가 방출하는 에너지를 '복사에너지'라고 부른다네. 열복사선은 태양뿐만 아니라 우주의 수많은 별에게도 받지.

물리군 열복사선은 복사체의 온도와 관계 있나요?

정교수 물론이네. 복사체의 온도가 높을수록 짧은 파장의 열복사선이 방출된다네.

복사체의 온도와 파장의 길이 차이

물리군 복사체의 온도가 높을수록 복사체가 방출하는 복사에너지도 크겠군요?

정교수 그것은 오스트리아의 물리학자 슈테판이 연구했네.

슈테판(Josef Stefan, 1835~1893)

1877년, 볼츠만의 지도교수인 슈테판은 실험 데이터를 바탕으로 온도가 θ인 복사체가 방출하는 복사에너지를 $U(\theta)$라고 하면, 복사에너지가 온도의 4제곱에 비례한다는 것을 알아냈다.

$$U(\theta) \propto \theta^4 \tag{3-4-1}$$

1878년, 미국의 랭글리가 열복사선의 세기를 잴 수 있는 실험기구인 볼로미터(bolometer)를 발명했다. 볼로미터 덕분에 더 많은 실험이 가능해졌기 때문에 스테판의 연구 결과가 옳다는 것을 입증했다.

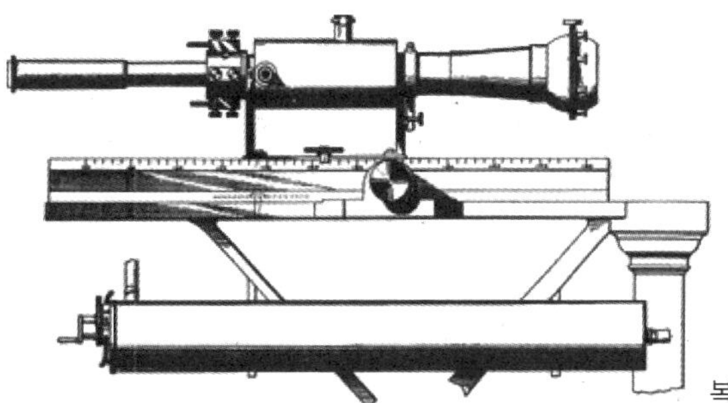

복사열 측정 장치인 볼로미터

1884년 볼츠만은 식 (3-4-1)에 대한 체계적인 이론을 만들었으므로 이 식을 '슈테판–볼츠만 법칙'이라고 부른다. 복사체의 복사에너지를 부피로 나눈 값을 '복사에너지 밀도'라고 부르는데, 볼츠만은 복사에너지 밀도가 복사체의 온도에만 의존한다는 것을 알아냈다. 즉, 복사체의 모양이나 크기와 관계없다는 것이다. 어떤 모양이든 복사체의 온도만 같다면 복사에너지 밀도는 같다.

전쟁으로 탄생한 빈의 공식 _ 물체의 색은 어떻게 결정될까?

정교수 이번에는 세계사 이야기로 시작해 보겠네.

1861년 프로이센의 빌헬름 1세(재위 1861~1888)가 왕위에 오른다. 그는 프로이센을 중심으로 하나의 독일을 만들고 싶어 했다. 그는 이듬해 비스마르크(Otto Eduard Leopold von Bismarck, 1815~1898)를 수상으로 임명한다. 이 당시 빌헬름 1세는 군비 확장 문제로 의회와 대립하고 있었다. 이때 비스마르크는 국회에 출석해 '군비 확장은 독일의 통일을 위해서 꼭 필요하다'는 철혈(鐵血)연설을 했다.

비스마르크 수상

물리군 왜 철혈연설이라고 하나요?

정교수 철혈은 '철과 피'라는 뜻이지. 당시 비스마르크의 연설문은 다음과 같다네.

'독일에서의 프로이센의 지위는 프로이센의 자유주의가 아닌 프로이센의 권력에 의해 결정될 것입니다. 〈중략〉 빈 조약 이후, 우리는 형편없이 작은 영토를 가지고 있습니다. 현재의 이 문제를 해결하기 위해서는 철과 피로써 이루어져야 할 것입니다.'

「철혈연설」 중에서

비스마르크는 군비를 늘리고 군사력을 강화하여 주변 국가와 전쟁을 일으켜 영토를 확장해 나가려고 했다. 이 시기 프랑스의 나폴레옹 3세 역시 영토 확장에 관심이 있었다. 결국 두 나라가 서로 전쟁을 했다.

1870년 7월 19일 프랑스가 프로이센에 선전포고를 했다. 하지만 군비가 우세한 프로이센 군에게 프랑스 군은 상대가 되지 않았다. 결국 그해 9월 2일 나폴레옹 3세는 프로이센 군에게 항복했다. 전쟁을 승리로 이끈 프로이센은 국호를 독일제국으로 바꾸었고, 빌헬름 1세가 초대 왕이 되었다.

나폴레옹 3세

알자스 로렌 지방

프랑스는 독일에 전쟁 배상금 50억 프랑을 지불하고 프랑스 영토인 알자스-로렌 지방의 대부분을 독일에 넘겨주었다.

물리군 독일이라는 이름이 생긴 건 정말 얼마 안 되는 거네요.

정교수 그렇다네. 이제 물리학자 빈의 이야기로 시작하겠네.

빈은 프로이센의 가프켄(Gaffken)에서 태어났다. 1882년 베를린 대학에 입학한 빈은 열역학의 대가인 헬름홀츠 교수의 실험실에서 연구를 했으며 1886년 빛의 굴절 연구로 박사학위를 받았다.

1871년 프랑스와의 전쟁에서 승리한 프로이센은 철이 많이 생산되는 프랑스의 알자스와 로렌 지방을 빼앗아 철광업을 육성한다. 철은 철광석과 석탄을 용광로에 넣어 높은 온도에서 녹여서 만드는데

빈(Wilhelm Carl Werner Otto Fritz Franz Wien, 1864~1928)

이것이 제철이다.

제철 제품은 용광로의 온도에 매우 민감한데, 당시에는 지금처럼 전류를 이용하여 온도를 재는 온도계가 없었다. 그래서 용광로에 있는 구멍을 통해 내부를 들여다보고 색깔로 온도를 대충 파악할 수 있었다.

검붉은 색은 1000℃도 이내, 새빨간 색은 2000℃ 이상, 여기서 더 온도가 올라가면 하얗게 된다는 식의 판단이었다. 하지만 온도를 대략 알아서는 양질의 철을 생산할 수 없었기 때문에 용광로의 온도를 정확하게 알 필요가 있었다. 가열된 물체와 온도와의 관계를 연구하던 빈은 1893년 다음과 같은 법칙을 발견했는데 이를 '빈의 법칙'이라고 부른다.

(빈의 법칙) 가열된 물체에서 나온 빛 중에서 가장 강한 빛의 파장은 물체의 온도에 반비례한다.

이것을 수식으로 써보자. 가열된 물체에서 나온 빛 중에서 가장 강한 빛의 파장을 λ_{max}라고 하고 온도를 θ라고 하면,

$$\lambda_{max}\,\theta = 0.294\ (\mathrm{cm \cdot K}) \tag{3-5-1}$$

라는 관계가 된다. 가열된 물체가 낸 빛이 빨강이라면 빨강 빛의 파장이 길기 때문에 물체의 온도는 낮고 만일 파랑 쪽이면 파랑 빛의 파장이 짧으므로 물체의 온도는 높다. 빈의 법칙으로 인해 이제 용광로의 온도를 정확하게 알 수 있게 되었고, 이를 통해 독일은 양질의 철을 생산하는 나라가 되었다.

물리군 가열된 물체에서 나오는 가장 강한 빛의 파장은 물체에 따라 다른가요?

정교수 그렇지 않네. 가열된 물체의 가장 강한 빛의 파장은 물체의 종류와 상관없이 오직 물체의 온도에 따라서만 달라지네. 실제로 가열된 물체는 가장 강한 빛만을 내는 것은 아니네. 가열된 물체는 다양한 파장의 빛을 내지. 하지만 이때 물체의 색은 가장 강하게 나오는 색깔의 빛으로 결정되지.

빈, 보라 공식을 찾다 _파장이 짧은 빛

물리군 키르히호프 법칙에 따르면 물체는 자신이 흡수한 파장의 빛을 가열했을 때 방출하잖아요? 그렇다면 모든 파장의 빛을 방출하는 물체도 있겠네요?

정교수 키르히호프는 그런 물체를 '흑체'라고 불렀네.

흑체는 가열되었을 때 모든 파장의 빛을 방출하고, 반대로 모든 파장의 빛을 흡수하는 물체이다. 파장과 진동수는 반비례이므로 모든 파장의 빛이라는 것은 모든 진동수의 빛이라는 것을 의미한다. 즉, 흑체의 진동수 ν는 0부터 ∞까지의 값이다. 마찬가지로 흑체의 파장 λ도 0부터 ∞까지의 값이다. 빈은 흑체에서 나오는 빛의 복사에너지를 측정했다. 흑체 속에는 무한 가지의 진동수를 가진 빛이 있다. 빈의 실험 결과는 다음 그림과 같다.

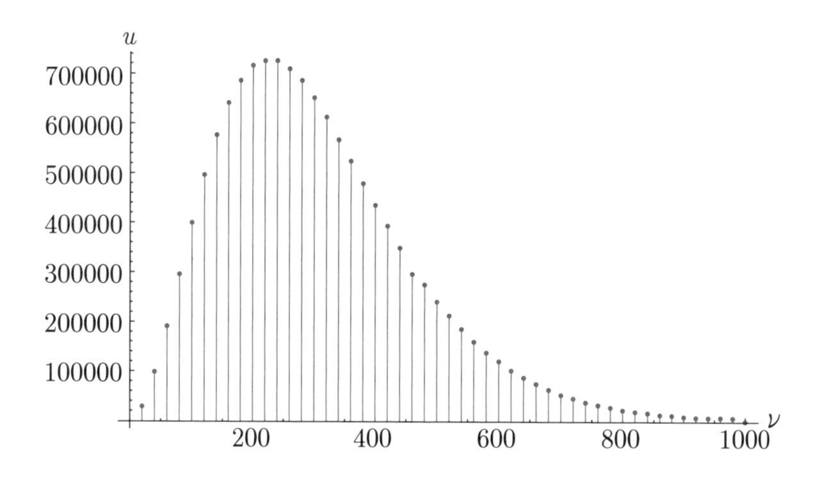

가로축은 진동수 ν를 나타내고 세로축은 진동수 ν인 빛의 복사에너지 밀도 $u(\nu)$를 나타낸다. 만일 진동수 대신 파장으로 그래프를 그리면 다음과 같다.

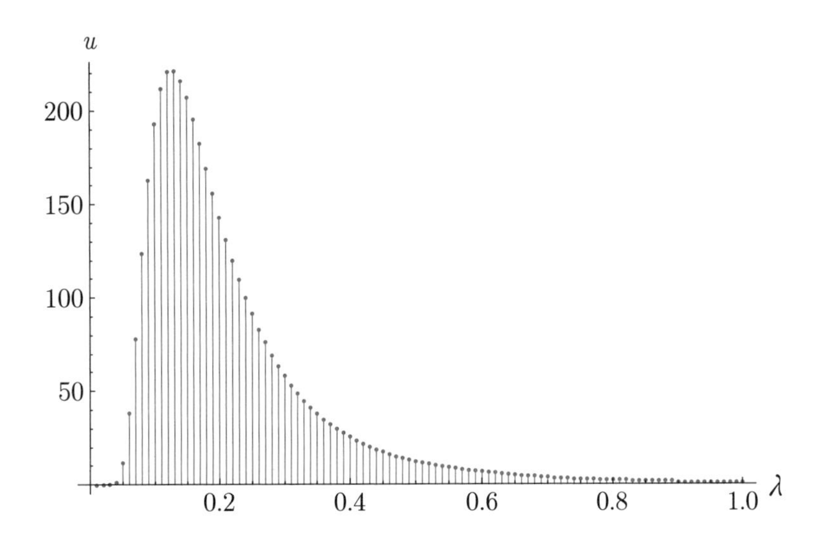

이 실험 결과를 바탕으로 빈은 $u(\nu)$의 모습을 찾으려고 했다. 빈은 함수의 모양을

$$u(\nu) = a\nu^3 e^{-\frac{b\nu}{\theta}}$$

로 가정하고 높은 진동수일 때의 실험 데이터와 비교해서 a, b의 값을 결정했다. 빈의 이러한 선택은 높은 진동수에서는 잘 맞았지만 진동수가 작아지면 차이를 보였다.

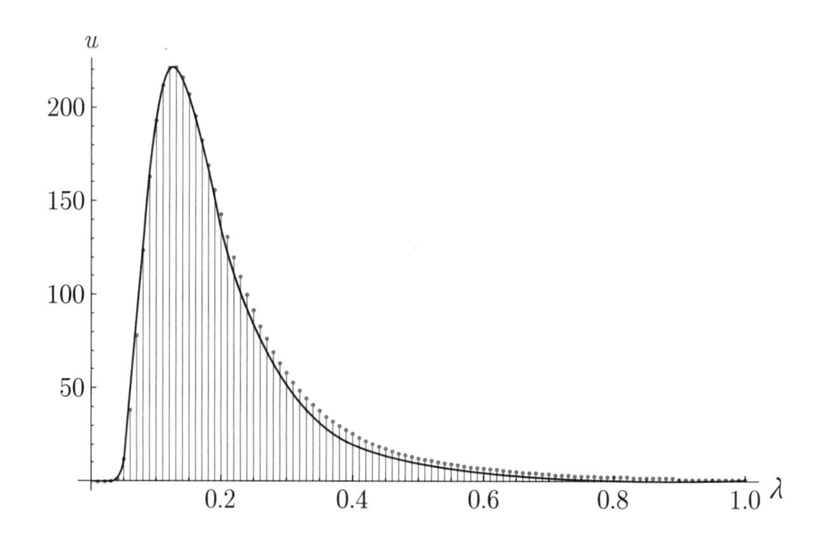

위 그림에서 파란 선이 빈의 공식이고 빨간점이 실험 데이터이다.

물리군 파장이 작을 때는 정말 잘 맞네요.

정교수 파장이 작다는 것은 진동수가 크다는 뜻이네. 가시광선 중 파장이 짧은 빛은 보라이므로 빈의 공식을 '보라 공식'이라고 부른다네.

물리군 흑체는 검은색 물체인가요?

정교수 흑체는 이론물리학자들이 생각한 가상의 물체네. 모든 파장의 전자기파(빛)를 흡수하고 가열되었을 때 모든 파장의 전자기파를 방출하는 물체지. 이론물리학자들은 흑체를 굳이 검은색을 띠는 물체로 국한하지 않았네.

물리군 그럼 어떻게 모든 파장의 빛을 흡수하죠?

정교수 아래 그림을 보겠나?

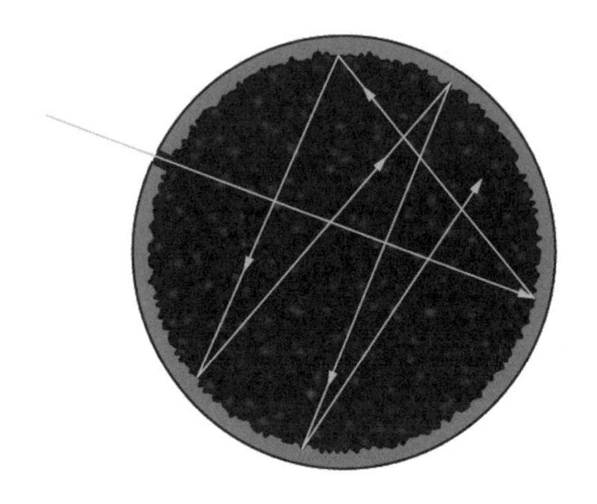

물리군 동그란 공 모양에 구멍이 뚫려 있어요.

정교수 이론물리학자들은 공 모양의 상자에 작은 구멍이 있는 물체는 구멍을 통해 모든 파장의 빛을 흡수할 수 있다고 생각했네. 물론 이 물체가 가열되면 구멍을 통해 모든 파장의 열 복사선이 방출되지. 물리학자들은 이런 모습의 물체를 공동이라고 하고 여기서 나온 복사를 '공동복사'라고 했네.

물리군 흑체복사와 공동복사는 같은 말이군요?

정교수 그렇다네. 초기의 실험에서 공동은 자기나 백금등으로 만들었다네.

물리군 아하!

레일리-진즈의 빨강공식 _ 실험적 그래프를 수식으로 풀다

물리군 진동수가 작을 때 잘 맞는 공식도 있나요?

정교수 물론이네. 그것은 영국의 레일리와 진즈가 연구했지.

레일리(John William Strutt, 3rd Baron Rayleigh, 1842~1919)

진즈(Sir James Hopwood Jeans, 1877~1946)

레일리는 가난한 가정에서 태어났지만 1861년 영국의 명문인 케임브리지 대학에 입학해 수학과 물리학을 공부했다. 그 후 그는 케임브리지 대학교의 물리학과 교수가 되었다. 레일리는 빛의 파장보다 작은 입자들에 의해 빛이 산란되는 현상을 이론적으로 처음 규명했다. 그는 이 이론으로 하늘이 파란 이유를 설명했고, 이 업적으로 노벨물리학상을 받았다.

물리군 하늘이 파란 이유를 밝힌 업적으로 노벨물리학상을 받다니

신선하면서도 대단해요.

정교수 레일리와 진즈는 흑체 속으로 흡수된 전자기파를 사인파로 묘사했네. 또 흑체의 모양을 한 변의 길이가 L인 정육면체로 택했지. 이 속에 서로 다른 파장을 가진 무한 종류의 전자기파가 들어 있다네. 즉 들어 있는 전자기파의 파장 λ는 0부터 ∞까지의 모든 값이 가능하지.

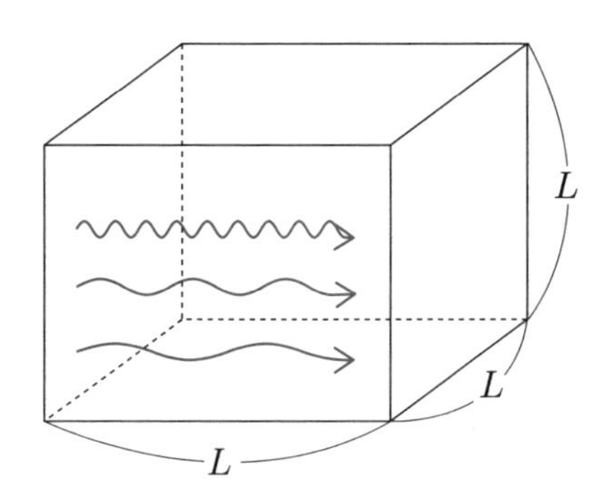

물리군 정육면체로 택한 이유가 있나요?

정교수 스테판-볼츠만의 법칙에 따라 흑체의 총 복사에너지는 흑체의 모양이나 크기와 관계가 없기 때문에 가장 간단한 입체 도형으로 선택한 것이라네.

물리군 네, 그렇군요.

정교수 레일리와 진즈는 흑체 속에서 전자기파가 죽지 않고 살아남을 수 있는 조건을 생각했다네.

물리군 파동도 죽어요?

정교수 물론이네. 파동의 죽음을 '파동의 소멸'이라고 하지. 파동은 간섭으로 소멸할 수 있다네.

두 개의 파동이 만나서 진폭이 커지는 경우도 생기는데 이 경우를 '보강간섭'이라고 부르고 반대로 두 파동이 만나서 진폭이 0이 될 때는 '소멸간섭'이라고 부른다.

(보강간섭)

(상쇄간섭)

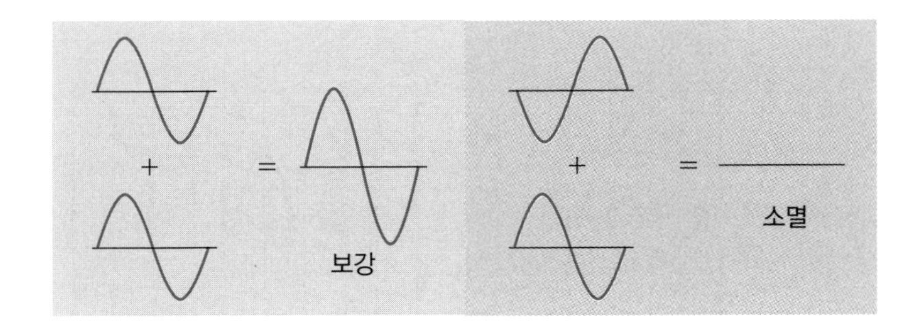

정교수 레일리와 진즈는 우선 흑체가 1차원 상자인 경우를 생각했네.

물리군 1차원 상자요?

정교수 2차원 상자는 한 변의 길이가 L인 정사각형이 되고, 1차원 상자는 한 변의 길이가 L인 선이 된다네.

레일리와 진즈는 길이가 L인 일차원 상자(줄)에서 전자기파가 소멸하지 않는 조건을 구했다. 하나의 파동이 벽으로 입사하면 반사되어 반사파가 생긴다. 입사한 파동을 '입사파'라고 하면 입사파와 반사파가 합쳐져서 보강간섭이 일어나기도 하고 소멸간섭이 일어나기도 한다.

이때 입사한 파동의 파장과 벽과 벽 사이의 거리가 특별한 조건을 만족하면 간섭에 의해 사라지지 않고 계속 진동을 하는 파동이 만들어진다. 이 파동을 '정상파'라고 부른다. 아래 그림은 왼쪽 벽으로 입사하는 입사파와 반사되어 오른쪽으로 진행하는 반사파를 주기 T의 $\frac{1}{4}$배씩 시간이 흘렀을 때 그린 그림이다. 맨 아래쪽은 입사파와 반사파를 합친 정상파의 모습이다.

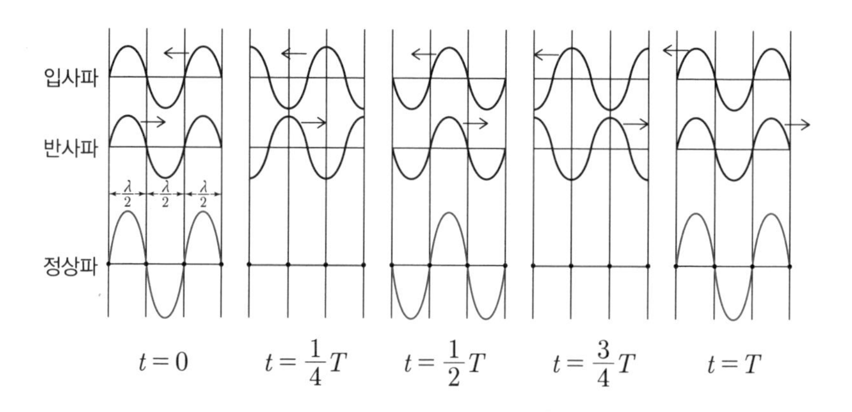

물리군 주기 T의 $\frac{1}{4}$배씩 시간이 흐르면 파동은 파장의 $\frac{1}{4}$만큼 움직

이겠군요.

정교수 그렇네. 파장과 주기가 비례하기 때문이지.

이제 각각의 시각에서 정상파의 그림을 보자. 이 그림을 보면 항상 진동하지 않는 지점이 생긴다. 이때 항상 진동하지 않는 점을 '마디', 진폭이 가장 큰 곳을 '배'라고 한다.

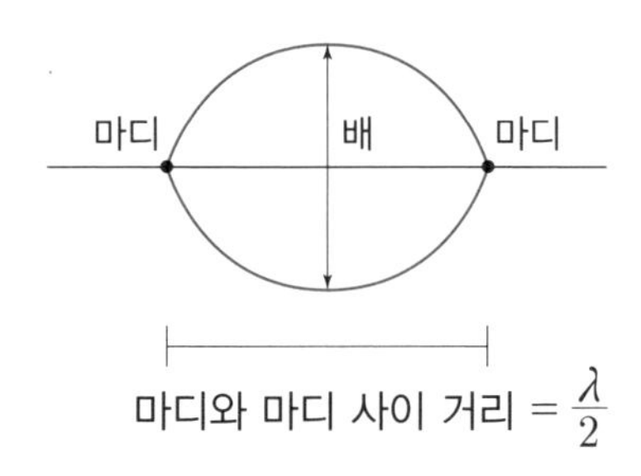

마디와 마디 사이의 거리가 파장의 절반이 된다는 것을 알 수 있다. 우리는 마디와 마디 사이의 입술 모양을 만들며 오르락내리락하는 파동을 정상파 1개라고 부른다.

레일리와 진즈는 정상파가 길이 L 속에 몇 개 들어갈 수 있는지 연구했다. 파장이 λ인 전자기파(빛)가 만든 정상파가 1개 만들어지는 경우는 다음과 같다.

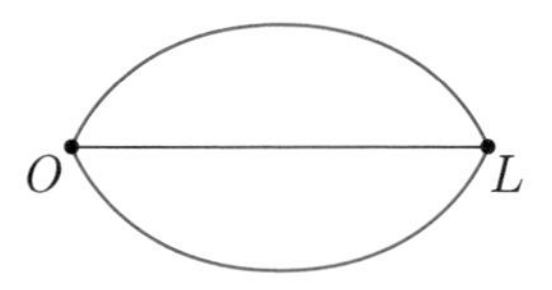

이때

$$\frac{\lambda}{2} = L$$

이 된다. 즉, 파장이 $2L$인 전자기파는 일차원 상자 속에 1개 들어갈 수 있다. 이번에는 정상파가 2개 만들어지는 경우를 그려보자.

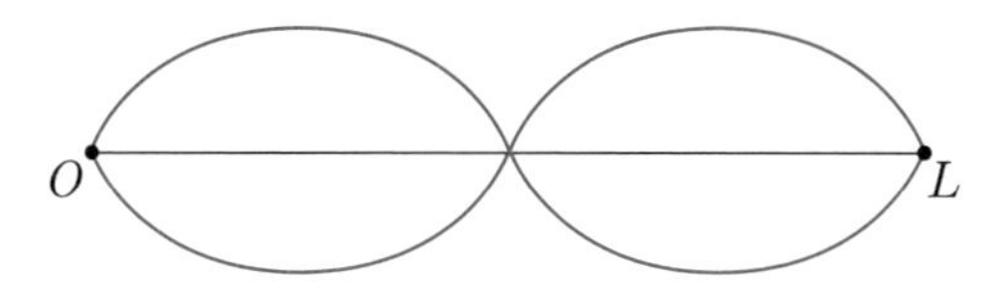

이때 다음 관계식이 성립한다.

$$2 \times \frac{\lambda}{2} = L$$

즉, 파장이 L인 전자기파는 일차원 상자에 2개 들어갈 수 있다. 이번에는 정상파가 3개 만들어지는 경우를 그려보자.

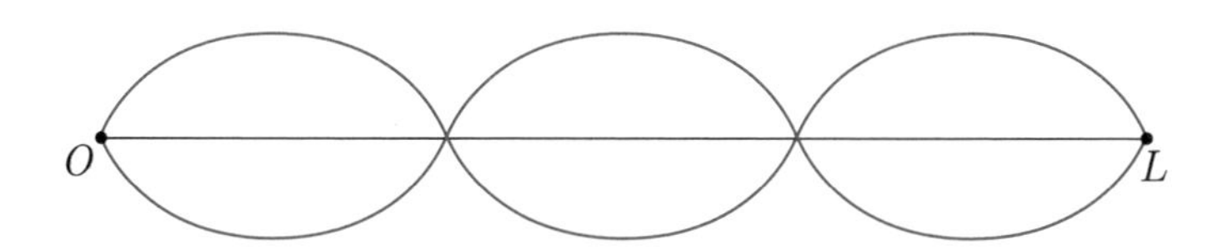

이때 다음 관계식이 성립한다.

$$3 \times \frac{\lambda}{2} = L$$

즉, 파장이 $\frac{2}{3}L$인 전자기파는 일차원 상자 속에 3개 들어갈 수 있다. 일반적으로 정상파가 n개 만들어지는 경우를 보면,

$$n \times \frac{\lambda}{2} = L$$

의 조건을 만족해야 하므로 파장이 $\frac{2}{n}L$인 전자기파는 상자 속에 n개 들어갈 수 있다. 즉 정상파가 만들어지려면 사인파의 파장이

$$\lambda = \frac{2L}{n} \tag{3-7-1}$$

을 만족해야 한다. 여기서 $n = 1, 2, 3, \cdots$ 이다.

물리군 파장이 짧을수록 많이 들어가는군요.

정교수 당연하네. 조건 식 (3-7-1)은 진동수로 나타낼 수 있다네.

$$\frac{c}{\nu} = \frac{2}{n}L \tag{3-7-2}$$

따라서 진동수가

$$\nu = \frac{c}{2L}n \tag{3-7-3}$$

인 전자기파는 일차원 상자 속에 n개 들어갈 수 있네.

물리군 진동수가 큰 빛일수록 상자 속에 많이 들어가는 거네요.

정교수 그렇네. 이제 파수에 대해 알아보겠네. 파수는 k라고 쓰고, 길이 2π 속에 들어 있는 사인파의 수를 말하네. 파장이 2π인 사인파의 파수는

$$k=1$$

이 되네.

물리군 길이 2π 속에 1개가 들어가네요.

정교수 파장이 π인 사인파를 그려 보겠네.

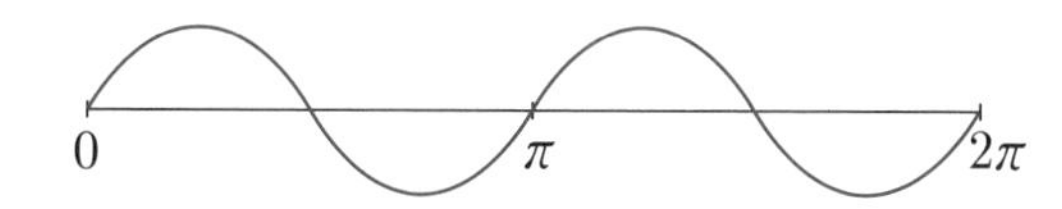

사인파가 2개 들어 있으므로 파장이 π인 사인파의 파수는

$$k=2$$

가 되네. 하나만 더 해보겠네. 파장이 $\frac{2}{3}\pi$인 사인파를 그려 보겠네.

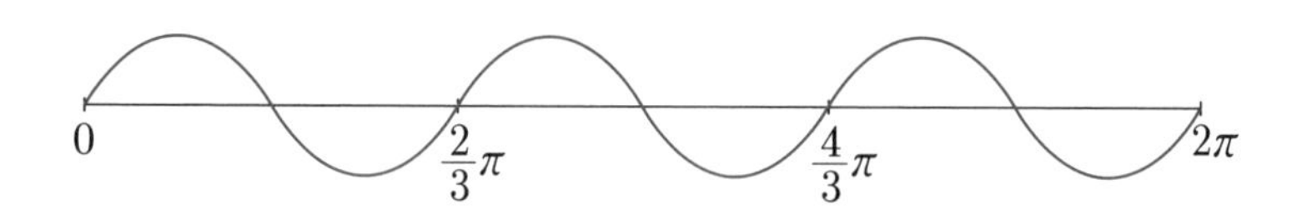

사인파가 3개 들어 있지? 그러므로 파장이 $\frac{2}{3}\pi$인 사인파의 파수는

$$k = 3$$

이 되네. 그러므로 파장이 λ인 사인파의 파수 k는 다음과 같이 되네.

$$k = \frac{2\pi}{\lambda} \qquad (3\text{–}7\text{–}4)$$

물리군 파장과 파수는 반비례군요.

정교수 이제 일차원 상자 속에 들어 있는 파장이 λ인 전자기파를 사인파로 다음과 같이 묘사할 수 있네.

$$Y(x) = A\sin(kx) \qquad (3\text{–}7\text{–}5)$$

이것을 일차원 상자의 전자기파의 '파동함수'라고 부른다.

물리군 A는 이 파동의 진폭이군요. 그런데 왜 파수 k가 나타나는 걸까요?

정교수 파동의 파장이 λ라는 것은 파장만큼 지나면 파동이 같아진다는 것을 의미하네.

물리군 파장이 x에 대한 주기라는 뜻인가요?

정교수 바로 그거네. 파동함수 식 (3–7–5)는 파장에 대한 주기성 조건

$$Y(x + \lambda) = Y(x)$$

를 만족해야 하네. 그런데,

$$\sin(k(x+\lambda)) = \sin(kx+k\lambda) = \sin(kx+2\pi) = \sin(kx)$$

가 되므로 파수 k가 있어야 이 파동이 파장 λ를 갖게 되네.

이제 정상파가 되기 위한 조건은 이 사인파가 경계 ($x=0$, $x=L$)에서 사라지는 조건과 같다는 걸 보인다. 즉,

$$Y(0) = 0$$
$$Y(L) = 0 \tag{3-7-6}$$

식 (3-7-5)에 $x=0$을 넣으면 식 (3-7-6)은 성립된다. 하지만 $x=L$을 넣으면

$$Y(L) = A\sin(kL) = 0$$

이 된다. 이것은

$$kL = n\pi \quad (n\text{은 정수})$$

라는 조건을 만족한다.

여기서

$$k = \frac{n\pi}{L} \tag{3-7-7}$$

이 되고, 이것은 식 (3-7-1)과 일치한다.

물리군　이제 레일리-진즈 공식으로 들어가는 건가요?

정교수　아직은 안 되네.

물리군　왜죠?

정교수　우리는 흑체를 일차원 상자라고 생각하고 정상파의 개수를 헤아렸네. 하지만 실제 흑체는 3차원 상자네. 그러므로 3차원 상자 속의 정상파의 개수를 헤아릴 필요가 있는 것이네.

물리군　그렇군요.

정교수　흑체의 모양을 다음과 같이 한 변의 길이가 L인 정사각형으로 택해 보게.

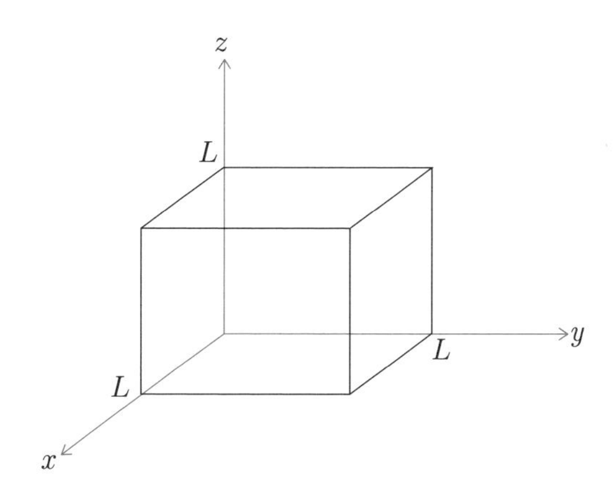

이제 일차원과 달리 모든 양은 벡터가 된다. 3차원이므로 벡터의 세 성분(x, y, z)을 생각해야 한다. 일차원에서 파수는 파수 벡터 k로 바뀐다.

$$\vec{k} = k_x \hat{i} + k_y \hat{j} + k_z \hat{k}$$

이때 파수 벡터의 크기를 k라고 쓰면

$$k = |\vec{k}| = \sqrt{k_x^2 + k_y^2 + k_z^2} \qquad (3\text{–}7\text{–}8)$$

이 되는데 이것이 일차원에서의 파수와 같은 역할을 한다. 여기서 $\hat{i}$, $\hat{j}$, $\hat{k}$, 는 x, y, z 축에서의 단위벡터 (크기가 1인 벡터)이다. 3차원 상자 속의 전자기파를 묘사하는 파동함수의 모양은

$$Y(x, y, z) = A\sin(k_x x)\sin(k_y y)\sin(k_z z) \qquad (3\text{–}7\text{–}9)$$

이 된다. 3차원에서의 파동의 파장을 λ라고 하면 파장과 파수벡터의 크기 사이의 관계는 다음과 같다.

$$k = |\vec{k}| = \frac{2\pi}{\lambda} \qquad (3\text{–}7\text{–}10)$$

식 (3–7–9)에 주어진 파동함수는 $x = L$일 때, $y = L$일 때, $z = L$일 때 사라져야 한다. 그것이 상자 속의 정상파를 만드는 조건이다. 이것은

$$k_xL = n_x\pi \quad (n_x = 1, 2, 3, \cdots)$$

$$k_yL = n_y\pi \quad (n_y = 1, 2, 3, \cdots)$$

$$k_zL = n_z\pi \quad (n_z = 1, 2, 3, \cdots) \tag{3-7-11}$$

으로 주어지고, 파수 벡터의 크기는

$$k = \frac{2\pi}{\lambda} = \frac{\pi}{L}\sqrt{n_x^2 + n_y^2 + n_z^2} \tag{3-7-12}$$

이 된다. 이제

$$n = \sqrt{n_x^2 + n_y^2 + n_z^2} \tag{3-7-13}$$

이라고 놓자. 그러면 식 (3-7-12)는

$$k = \frac{\pi}{L}n \tag{3-7-14}$$

이 되고, 진동수로 나타내면

$$\nu = \frac{c}{2L}n \tag{3-7-15}$$

이 된다. 이제 진동수가 ν인 전자기파를 생각하자. 이 경우 n_x, n_y, n_z는 다음과 같이 반지름이 $\frac{2L}{c}\nu$인 구의 방정식을 만족한다.

$$n_x^2 + n_y^2 + n_z^2 = \left(\frac{2L}{c}\nu\right)^2 \tag{3-7-16}$$

이 조건을 만족하는 한 점 (n_x, n_y, n_z)가 바로 정상파 2개에 대응된다.

물리군 왜 2개에 대응되죠?

정교수 전자기파는 전기장의 진동이 만든 파동과 자기장의 진동이 만든 파동을 가지고 움직이기 때문이네. 즉 전기장도 하나의 정상파를 만들고 자기장도 하나의 정상파를 만들기 때문에 한 점 (n_x, n_y, n_z)에서는 2개의 정상파가 만들어지네.

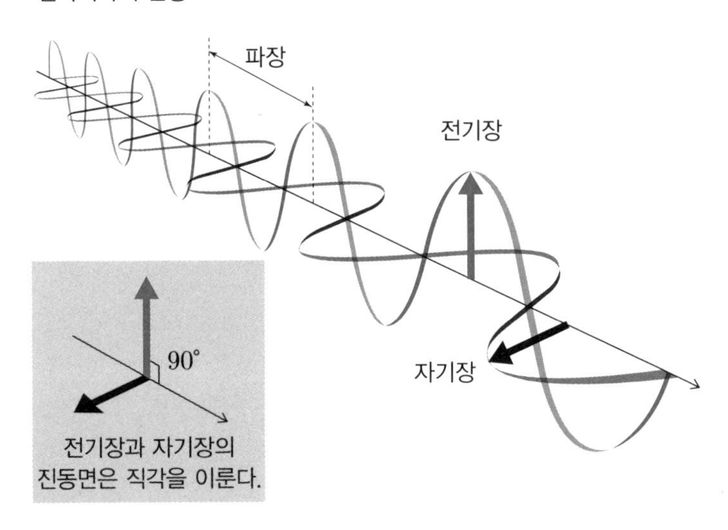

그러므로 진동수가 ν인 정상파의 개수를 $N(\nu)$라고 하면

$$N(\nu) = 2 \times \frac{1}{8} \times \frac{4\pi}{3} \times (\text{반지름})^3$$

$$= 2 \times \frac{1}{8} \times \frac{4\pi}{3} \times \left(\frac{2L}{c}\nu\right)^3$$

$$= \frac{8\pi L^3}{3c^3}\nu^3 \tag{3-7-17}$$

이 되네.

물리군 $\frac{1}{8}$을 곱한 이유는 뭔가요?

정교수 n_x, n_y, n_z가 모두 양수이기 때문이네.

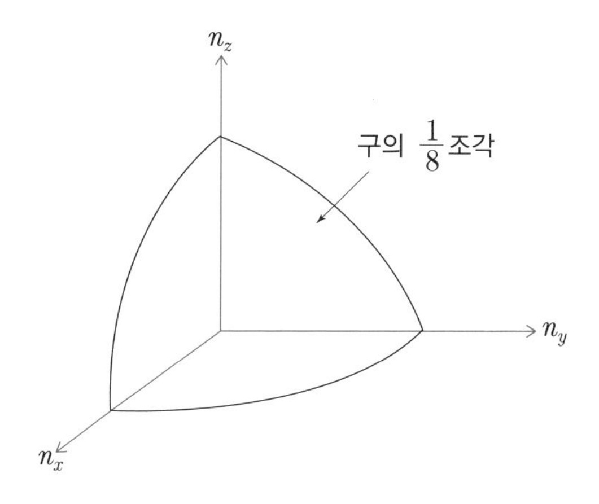

3차원 공간은 8개의 부분으로 나누어지네. 그중 n_x, n_y, n_z가 모두 양수인 영역은 전체의 $\frac{1}{8}$을 차지하므로 구의 부피의 $\frac{1}{8}$만 생각한거네.

이제 아주 작은 $\Delta\nu$를 생각해 ν와 $\nu + \Delta\nu$ 사이의 진동수를 갖는 정

상파의 개수를 헤아려 보자. 이것은

$$\Delta N(\nu) = N(\nu + \Delta\nu) - N(\nu) \tag{3-7-18}$$

여기서

$$N(\nu + \Delta\nu) = \frac{8\pi L^3}{3c^3}(\nu + \Delta\nu)^3$$

$$= \frac{8\pi L^3}{3c^3}(\nu^3 + 3\nu^2\Delta\nu + 3\nu(\Delta\nu)^2 + (\Delta\nu)^3)$$

이 된다. 이제 단위 부피당 정상파의 개수를 $n(\nu)$라고 쓰면

$$n(\nu) = \frac{N(\nu)}{L^3}$$

이 된다. $n(\nu)$를 '진즈 수'라고 부른다. 이제 미분의 정의로부터

$$\frac{dn}{d\nu} = \lim_{\Delta\nu \to 0} \frac{\Delta n(\nu)}{\Delta\nu}$$

$$= \frac{8\pi\nu^2}{c^3} \tag{3-7-19}$$

이 된다.

레일리와 진즈는 흑체 속의 정상파는 모두 같은 에너지를 가지고 있고 이 에너지는 흑체의 온도에 비례한다고 생각했다.

$$(\text{정상파 하나의 에너지}) = k\theta \tag{3-7-20}$$

따라서 흑체에서 방사되는 복사에너지 밀도는 정상파 하나의 에너지에 진즈 수를 곱한 값이 된다. 즉

$$u(\nu) = \frac{8\pi\nu^2}{c^3} \times k\theta \tag{3-7-21}$$

다음 그래프는 바로 레일리-진즈의 공식과 실험 데이터와의 관계이다.

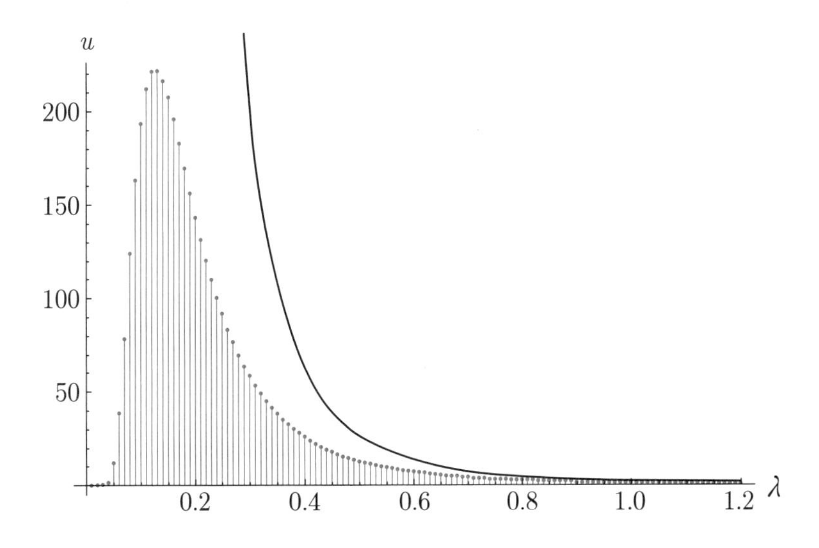

물리군 파장이 긴 쪽에서 잘 맞는군요.

정교수 그래서 레일리-진즈의 공식을 '빨강 공식'이라고 부른다네.

플랑크의 양자혁명 _ 완벽한 이론으로 불완전함을 이기다

정교수 이제 이번 책의 주인공인 막스 플랑크의 이야기를 시작하겠네.

플랑크(Max Karl Ernst Ludwig Planck, 1858~1947)

막스 플랑크는 1858년 프로이센의 킬에서 태어났다. 플랑크의 아버지는 유명한 법학자로 플랑크가 아홉 살 때 뮌헨 대학의 교수로 임명되었다. 플랑크는 뮌헨의 막시밀리안 김나지움(Maximilians gymnasium)에 다녔다. 이 학교에서 플랑크는 교사였던 뮐러(Hermann Müller)에게 수학과 물리학을 아주 재미있게 배웠다. 플랑크는 뮐러의 에너지 보존법칙에 대한 수업을 듣고 물리학에 재미를 느끼게 되었다.

물리군 김나지움이 뭔가요?

정교수 당시 프로이센에서는 초등학교인 그룬트슐레(Grundschule)

4년을 마치고, 중고등학교 과정의 일반계와 특성화 학교로 나누어졌다네. 그중 일반계 고등학교와 같은 곳을 김나지움이라고 부르고, 특성화 학교는 다시 단순 사무직이나 하위직 공무원 양성을 목표로 하는 레알슐레와 기술적이고 실용적인 직업 양성을 목적으로 하는 하우프트슐레로 나누어졌지. 당시 프로이센에서는 김나지움이라는 9년제 중등학교를 마친 사람만이 대학 입학의 자격요건인 아비투어(Abitur)를 받아 대학에 진학했다네.

물리군 그렇군요.

정교수 플랑크는 음악에도 재능이 있었지. 그는 절대음감을 가지고 있었고 교회 합창단에서 노래와 오르간 연주를 했다네. 플랑크는 평생 피아노를 쳤는데 연구에 지칠 때마다 피아노를 쳤다고 하네.

물리군 고상한 취미였네요.

정교수 1874년, 플랑크는 뮌헨 대학교 물리학과에 입학해 실험물리학을 공부했고, 이후 열역학에 관심을 가지면서 이론물리학을 연구했네.

플랑크(1878)

플랑크는 1877년 열역학 이론의 대가인 헬름홀츠와 키르히호프가 있는 베를린 대학으로 옮겼지. 그러나 플랑크의 기대와 달리 헬름홀츠는 강의 준비를 제대로 하지 않았고, 키르히호프는 책과 거의 같은 내용을 외워 강의했기 때문에 그는 매우 큰 실망을 했다네. 결국 플랑크는 책과 논문을 연구하면서 혼자 열역학을 공부했는데 특히 플랑크의 관심을 끈 논문은 클라우지우스의 엔트로피에 관한 논문이었지. 1879년 플랑크는 21살의 나이에 박사학위를 받았고, 이후 시간강사로 학생을 가르치면서도 여전히 열역학 연구에 몰두했다네. 1889년 헬름홀츠는 세상을 떠난 키르히호프의 후임으로 플랑크를 추천했고, 이때부터 교수로 학생들을 가르치면서 더욱 연구에 집중했다네.

이때부터 플랑크는 본격적으로 열역학 연구를 진행했다. 키르히호프의 복사법칙이나 흑체에 관한 연구도 이때부터 시작되었다. 플랑크는 빈과 레일리-진즈의 논문을 읽고, 가장 완벽한 흑체복사 공식을 찾겠다는 결심을 했다. 이후 이 결심은 1900년, 양자 혁명이라는 가설로 이어졌다.

물리군 1900년이 양자 혁명의 해군요.

정교수 그런 셈이지. 1900년 플랑크는 흑체복사의 실험과 완벽하게 일치하는 공식을 발표하네. 온도가 θ인 흑체에서 방출되는 진동수 ν인 빛의 복사에너지 밀도 $n(\nu)$는 다음과 같은 식이 되네.

$$u(\nu) = \frac{8\pi h\nu^3}{c^3} \cdot \frac{1}{e^{\frac{h\nu}{k\theta}} - 1} \qquad (3\text{-}8\text{-}1)$$

물리군 h는 뭘까요?

정교수 플랑크 상수라고 부르네. 플랑크는 이 공식이 나오려면

$$h = 6.626 \times 10^{-34}\,(\mathrm{J \cdot sec})$$

이 된다는 것을 알아냈네. 플랑크 상수의 단위는 에너지의 단위인 줄(J)과 시간의 단위인 초(sec)와의 곱이네.

물리군 플랑크의 공식은 실험과 잘 맞았나요?

정교수 물론이네. 실험과 비교하려면 흑체 복사에너지 밀도를 파장의 함수로 나타내야지. 흑체 속에는 모든 파장 (또는 진동수)의 빛이 들어있네. 그러므로 전체 에너지를 U라고 하면

$$U = \int_0^\infty u(\nu)\, d\nu \tag{3-8-2}$$

가 되네. 즉,

$$U = \int_0^\infty d\nu \frac{8\pi h\nu^3}{c^3} \cdot \frac{1}{e^{\frac{h\nu}{k\theta}} - 1} \tag{3-8-3}$$

이 되지.

진동수를 파장으로 바꾸면

$$\nu = \frac{c}{\lambda} \tag{3-8-4}$$

가 되네. 그러므로

$$d\nu = -\frac{c}{\lambda^2} d\lambda \tag{3-8-5}$$

가 되네. 그리고 $\nu = 0$은 $\lambda = \infty$에 대응되고, $\nu = \infty$는 $\lambda = 0$에 대응되므로 식 (3-8-4)와 식 (3-8-5)를 식 (3-8-3)에 넣으면

$$U = \int_0^\infty u(\lambda) d\lambda$$

가 되고, 여기서

$$u(\lambda) = \frac{8\pi hc}{\lambda^5}\left(\frac{1}{e^{\frac{hc}{k\theta\lambda}} - 1}\right) \tag{3-8-6}$$

이 되네. 이것을 실험 그래프와 함께 그리면 다음과 같네.

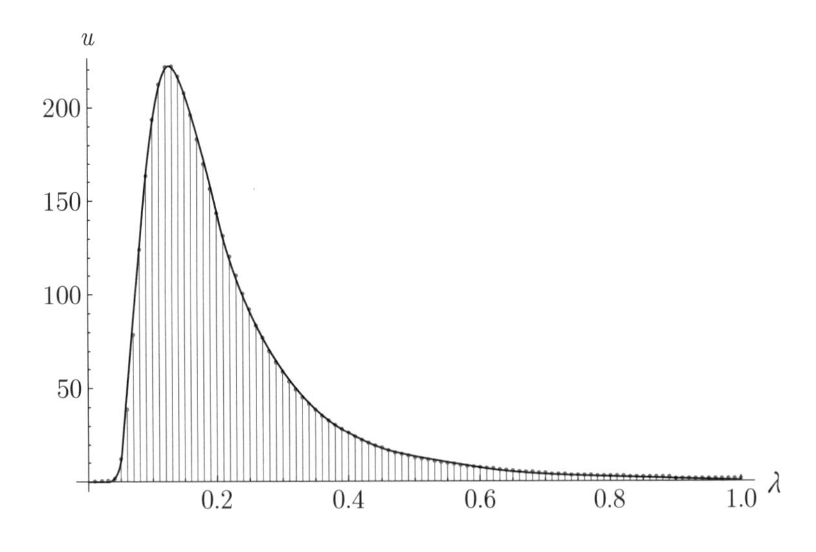

물리군 완벽하게 들어맞네요!

정교수 그렇네. 플랑크는 1900년 12월 14일 저녁 6시 30분, 독일 물리학회에서 1900년의 연구 결과를 발표했네. 하지만 대부분의 과학자들은 그의 발표에 귀 기울이지 않았지.

물리군 왜죠?

정교수 실험은 잘 맞았지만 이론적인 설명이 부족했기 때문이었네. 결국 플랑크는 이듬해 완벽한 이론적인 설명을 갖춘 논문을 발표했네. 플랑크는 이 논문으로 1918년 노벨물리학상을 수상했지.

네 번째 만남

●

플랑크의 논문 속으로

팩토리얼과 적분의 연결 _ 부분적분의 활용

정교수　이제 플랑크의 논문으로 들어가려고 하네. 우선 몇 가지 수학 지식이 필요하네. 팩토리얼(factorial)은 알고 있나?

물리군　3! = 3 × 2 × 1을 말하는 건가요?

정교수　그렇네. 일반적으로

$$n! = n(n-1)(n-2)\cdots 2\cdot 1$$

이 되지. 이제 팩토리얼을 적분으로 나타내는 방법을 알아보겠네. 우선 결론부터 써보면

$$\int_0^\infty e^{-x}x^n dx = n! \qquad (4\text{–}1\text{–}1)$$

이 되네.

이 공식을 증명하려면 다음과 같다.

$$I_n = \int_0^\infty e^{-x}x^n dx \qquad (4\text{–}1\text{–}2)$$

이때

$$I_{n+1} = \int_0^\infty e^{-x}x^{n+1} dx$$

를 보자. 이 식을 계산하려면 부분적분을 기억해야 한다.

부분적분은 피적분함수가 두 함수의 곱으로 쓰여 있을 때 사용하는 방법이다. 두 함수 $u(x)$, $v(x)$를 생각하자. 이때

$$(uv)' = u'v + uv'$$

이다. 이 식을 다시 쓰면

$$u'v = (uv)' - uv'$$

이므로 이 식에 적분을 취하면

$$\int u'vdx = \int (uv)'dx - \int uv'dx$$

또는

$$\int u'vdx = uv - \int uv'dx$$

가 된다. 이 공식을 다시 쓰면

$$\int u'vdx = (u'\text{의 적분})(v \text{ 그대로}) - \int (u'\text{의 적분})(v \text{ 미분})dx$$

가 된다. 이렇게 피적분함수가 두 함수의 곱으로 주어져 있고 이때 두 함수 중 하나는 적분이 되고 다른 하나는 미분이 될 때 이 공식을 이용하면 된다. 예를 들어 다음 적분을 보자.

$$\int f(x)g(x)dx$$

이때 앞에 쓴 함수 $f(x)$는 적분이 되는 함수여야 한다. 이 함수를 '앞함수'라고 하자. $g(x)$는 미분이 되어야 한다. 이 함수를 '뒤함수'라고 하자. 다음과 같은 형태이다.

$$\int (\text{적분되는 함수}) \times (\text{미분할 함수})dx$$

이때

$$\int f(x)g(x)dx = (f\text{의 적분})(g\text{ 그대로}) - \int (f\text{의 적분})(g\text{ 미분})dx$$

가 된다.

부분적분 공식을 I_{n+1}에 적용하자. 다음과 같이 놓자.

$$f = e^{-x}$$
$$g = x^{n+1}$$

이때

$$I_{n+1} = [(e^{-x}\text{의 적분})(x^{n+1}\text{ 그대로})]_0^\infty - \int_0^\infty (e^{-x}\text{의 적분})(x^{n+1}\text{ 미분})dx$$

$$= [(-e^{-x})(x^{n+1})]_0^\infty - \int_0^\infty (-e^{-x})(n+1)x^n dx$$

여기서

$$\lim_{x \to \infty}(-e^{-x})(x^{n+1}) = 0$$

이므로,

$$[(-e^{-x})(x^{n+1})]_0^\infty = 0$$

이 된다. 그러므로

$$I_{n+1} = (n+1)\int_0^\infty e^{-x}x^n dx = (n+1)I_n$$

이 된다. 이 식에 $n=0, 1, 2, 3$을 넣으면

$$I_1 = I_0$$

$$I_2 = 2I_1$$

$$I_3 = 3I_2$$

$$I_4 = 4I_3$$

이므로

$$I_4 = 4!I_0$$

이다. 일반적으로

$$I_n = n!I_0$$

임을 알 수 있다. 한편

$$I_0 = \int_0^\infty e^{-x} dx = 1$$

이므로

$$I_n = n!$$

이 된다.

스털링 근사식 _매우 큰 N으로 공식을 세우다

정교수 이번에는 스털링 근사에 대해 알아보겠네.

물리군 그건 뭐죠?

정교수 수학자 스털링이 찾아낸 아주 큰 수의 팩토리얼의 근사공식이네.

스털링은 N이 아주 클 때 다음과 같은 근사식을 쓸 수 있다는 것을 알아냈다.

$$\ln N! \approx N \ln N - N \tag{4-2-1}$$

물리군 이 근사식은 어떻게 나온 건가요?

정교수　차근차근 따라와 보게.

$N!$에 로그를 취하면

$$\ln N! = \ln[(N-1)(N-2)\cdots 2\cdot 1]$$

이라고 쓸 수 있다. 이제

$$\ln(AB) = \ln A + \ln B$$

를 이용하면

$$\begin{aligned}\ln N! &= \ln N + \ln(N-1) + \ln(N-2) + \cdots + \ln 2 + \ln 1\\ &= \ln N + \ln N\left(1-\frac{1}{N}\right) + \ln N\left(1-\frac{2}{N}\right) + \cdots + \ln N\left(1-\frac{N-2}{N}\right)\\ &\quad + \ln N\left(1-\frac{N-1}{N}\right)\\ &= N\ln N + \ln\left(1-\frac{1}{N}\right) + \ln\left(1-\frac{2}{N}\right) + \cdots + \ln\left(1-\frac{N-2}{N}\right)\\ &\quad + \ln\left(1-\frac{N-1}{N}\right)\\ &= N\ln N + \sum_{k=1}^{N-1}\ln\left(1-\frac{k}{N}\right)\\ &= \ln N + N\cdot\frac{1}{N}\sum_{k=1}^{N-1}\ln\left(1-\frac{k}{N}\right)\end{aligned}$$

가 된다. 여기서

$$\frac{1}{N}\sum_{k=1}^{N-1}\ln\left(1-\frac{k}{N}\right)$$

를 살펴보자. 스털링은 N이 아주 클 때 N을 무한대처럼 생각하는 근사를 생각했다.

$$\frac{1}{N}\sum_{k=1}^{N-1}\ln\left(1-\frac{k}{N}\right)\approx\lim_{N\to\infty}\frac{1}{N}\sum_{k=1}^{N-1}\ln\left(1-\frac{k}{N}\right)$$

고등학교 때 배운 정적분의 정의는

$$\lim_{N\to\infty}\frac{1}{N}\sum_{k=1}^{N-1}\ln\left(1-\frac{k}{N}\right)=\int_0^1\ln(1-x)\,dx$$

이므로

$$\frac{1}{N}\sum_{k=1}^{N-1}\ln\left(1-\frac{k}{N}\right)\approx\int_0^1\ln(1-x)\,dx$$

물리군 이 적분은 어떻게 계산하나요?

정교수 부분적분법을 사용하네.

$$\int_0^1 \ln(1-x)\,dx = [x\ln(1-x)]_0^1 - \int_0^1 x \cdot \left(\frac{-1}{1-x}\right)dx$$

$$= \lim_{x \to 1} \ln(1-x) - \int_0^1 \left(\frac{-1+1-x}{1-x}\right)dx$$

$$= \lim_{x \to 1} \ln(1-x) + \int_0^1 \left(\frac{1}{1-x}\right)dx - \int_0^1 dx$$

$$= \lim_{x \to 1} \ln(1-x) - \lim_{x \to 1} \ln(1-x) - 1$$

$$= -1$$

이므로

$$\frac{1}{N}\sum_{k=1}^{N-1} \ln\left(1-\frac{k}{N}\right) \approx -1$$

은

$$\ln N! \approx N\ln N - N$$

이다.

오일러가 푼 제타함수와 소수 관계 _ 무한급수의 합에 도전하다

정교수 이번에는 바젤 문제와 제타함수에 대해 알아보겠네.

물리군 바젤 문제요?

정교수 1650년, 이탈리아의 수학자 멘골리가 낸 문제이지.

피에트로 멘골리(Pietro Mengoli, 1626~1686)

1650년, 멘골리는 1650년에 다음과 같은 무한급수의 합을 구하는 문제를 냈다.

$$1+\frac{1}{2^2}+\frac{1}{3^2}+\frac{1}{4^2}+\frac{1}{5^2}+\cdots$$

이것을 합 기호를 이용해 쓰면

$$\sum_{k=1}^{\infty}\frac{1}{k^2}$$

이 된다. 사람들은 이 문제를 풀려고 했지만 실패했고, 1734년 오일러가 풀었다. 이 문제는 오일러의 고향인 스위스 바젤의 이름을 따서 '바젤 문제'라고 부르게 되었다.

물리군 오일러가 어떻게 이 값을 알아낸 건가요?

정교수 오일러는 이 급수를 일반화한 제타함수를 다음과 같이 정의했네.

$$\zeta(s) = 1 + \frac{1}{2^s} + \frac{1}{3^s} + \frac{1}{4^s} + \cdots$$

$$= \sum_{k=1}^{\infty} \frac{1}{n^s} \qquad (4\text{-}3\text{-}1)$$

오일러는 특별한 s 값에 대해 제타함수 값을 원주율 π를 이용해 나타낼 수 있음을 알아냈다.

주어진 수열에서 n항까지 곱은 다음과 같이 쓴다.

$$\prod_{k=1}^{n} a_k = a_1 a_2 \cdots a_n$$

이때 $n \to \infty$일 때 수열의 곱을 무한곱이라고 부른다.

$$\prod_{k=1}^{\infty} a_k = a_1 a_2 a_3 \cdots$$

수열곱에 대해서는 다음 공식이 성립한다.

$$(1)\ \prod_{k=1}^{n} a_k b_k = \left(\prod_{k=1}^{n} a_k\right)\left(\prod_{k=1}^{n} b_k\right)$$

$$(2)\ \prod_{k=1}^{n} a_k^{-1} = \frac{1}{\prod_{k=1}^{n} a_k}$$

(1)은 다음과 같이 증명된다.

$$\prod_{k=1}^{n} a_k b_k = (a_1 b_1)(a_2 b_2)\cdots(a_n b_n)$$

$$= (a_1 a_2 \cdots a_n)(b_1 b_2 \cdots b_n)$$

$$= \left(\prod_{k=1}^{n} a_k\right)\left(\prod_{k=1}^{n} b_k\right)$$

이제 $\sin x$를 무한 곱으로 나타내자.

$\sin x = 0$의 근은

$x = 0, \pm\pi, \pm 2\pi, \pm 3\pi, \cdots$

근을 무한개를 가지므로 $\sin x$는 무한 차수의 다항식으로 나타낼 수 있다. 그러므로 다음과 같이 놓자.

$$\sin x = Ax\left(1-\frac{x}{\pi}\right)\left(1+\frac{x}{\pi}\right)\left(1-\frac{x}{2\pi}\right)\left(1+\frac{x}{2\pi}\right)\cdots$$

$$= Ax\prod_{k=1}^{\infty}\left(1-\frac{x^2}{k^2\pi^2}\right) \qquad (4\text{–}3\text{–}2)$$

이제 A를 구하자. 식 (4–3–2)를 x로 나누면

$$\frac{\sin x}{x} = A\prod_{k=1}^{\infty}\left(1-\frac{x^2}{k^2\pi^2}\right)$$

이 된다. 이 식의 양변에 $x \to 0$ 극한을 취하면

$$1 = A$$

가 된다. 그러므로 $\sin x$를 무한 곱으로 나타내면

$$\sin x = x\prod_{k=1}^{\infty}\left(1-\frac{x^2}{k^2\pi^2}\right) \qquad (4\text{–}3\text{–}3)$$

이 된다.

식 (4–3–3)에서 $x = \frac{\pi}{2}$를 대입하면

$$1 = \frac{\pi}{2}\prod_{k=1}^{\infty}\left(1-\frac{1}{4k^2}\right) = \frac{\pi}{2}\prod_{k=1}^{\infty}\frac{(2k-1)(2k+1)}{2k\cdot 2k}$$

이 되어,

$$\pi = 2\prod_{k=1}^{\infty} \frac{2k \cdot 2k}{(2k-1)(2k+1)}$$

가 된다. 이것을 '월리스(Wallis) 공식'이라고 부른다. 이 식을 풀어서 쓰면

$$\pi = 2\left(\frac{2}{1} \cdot \frac{2}{3} \cdot \frac{4}{3} \cdot \frac{4}{5} \cdot \frac{6}{5} \cdot \frac{6}{7} \cdots\right)$$

이다.

이제 사인함수의 무한 곱을 다시 보자.

$$\sin x = x\left(1 - \frac{x}{\pi}\right)\left(1 + \frac{x}{\pi}\right)\left(1 + \frac{x}{2\pi}\right)\left(1 + \frac{x}{2\pi}\right)\cdots$$

이것을 다시 쓰면,

$$\frac{\sin x}{x} = \left(1 - \frac{x^2}{\pi^2}\right)\left(1 - \frac{x^2}{2^2\pi^2}\right)\left(1 - \frac{x^2}{3^2\pi^2}\right)\cdots \quad (4\text{–}3\text{–}4)$$

이 된다. 한편 사인함수에 대해 테일러 전개를 쓰면

$$\frac{\sin x}{x} = \frac{1}{x}\left(x - \frac{x^3}{3!} + \frac{x^5}{5!} - \cdots\right) \quad (4\text{–}3\text{–}5)$$

가 된다. 식 (4–3–4)와 식 (4–3–5)의 x^2의 항의 계수를 비교하면,

$$-\frac{1}{6} = -\left(\frac{1}{\pi^2} + \frac{1}{2^2\pi^2} + \frac{1}{3^2\pi^2} + \cdots\right)$$

이므로

$$1 + \frac{1}{2^2} + \frac{1}{3^2} + \frac{1}{4^2} + \cdots = \frac{\pi^2}{6} \tag{4-3-6}$$

이 된다.

물리군 바젤 문제가 해결되네요.

정교수 오일러는

$$\zeta(4) = \frac{\pi^4}{90}$$

이 된다는 것도 알아냈네.

물리군 이건 어떻게 알아냈을까요?

정교수 식 (4-3-4)와 식 (4-3-5)의 x^4항의 계수를 비교하면 되네.

두 식으로부터 우리는 다음 관계식을 얻는다.

$$\frac{1}{5!} = \frac{1}{1^2 \cdot 2^2\pi^4} + \frac{1}{1^2 \cdot 3^2\pi^4} + \frac{1}{2^2 \cdot 3^2\pi^4} + \cdots$$

따라서

$$\frac{1}{1^2 \cdot 2^2} + \frac{1}{1^2 \cdot 3^2} + \frac{1}{2^2 \cdot 3^2} + \cdots = \frac{\pi^4}{120}$$

이 된다. 한편 식 (4-3-6)의 양변을 제곱하면

$$\left(1 + \frac{1}{2^2} + \frac{1}{3^2} + \frac{1}{4^2} + \cdots\right)^2 = 1 + \frac{1}{2^4} + \frac{1}{3^4} + \frac{1}{4^4} + \cdots$$

$$+2\left(\frac{1}{1^2 \cdot 2^2} + \frac{1}{1^2 \cdot 3^2} + \frac{1}{2^2 \cdot 3^2} + \cdots\right)$$

이다. 이 식으로부터

$$\left(\frac{\pi^2}{6}\right)^2 = \zeta(4) + 2 \times \frac{\pi^4}{120}$$

이 되어,

$$\zeta(4) = 1 + \frac{1}{2^4} + \frac{1}{3^4} + \frac{1}{4^4} + \cdots = \frac{\pi^4}{90}$$

이 된다.

물리군 수학은 참 신기한 것 같아요.

정교수 이제 필요한 수학은 모두 끝났네.

플랑크의 기묘한 가설 _새로운 알갱이의 탄생

정교수 이제 플랑크의 논문 속으로 들어가 보겠네. 플랑크는 식 (3-8-6)의 물리적 의미를 찾기 위해 많은 고민을 하며 놀라운 가설을 세웠지. 물리학에서 가설은 실험과 일치하면 법칙으로 승화되지.

물리군 어떤 가설이죠?

정교수 빛이 어떤 최소 에너지를 가진 알갱이로 이루어져 있다고 생각한 것이네.

플랑크는 이 최소 에너지를 ϵ이라고 했고 최소 에너지를 가진 알갱이를 '양자(quantum)'라고 불렀다. 양자 2개가 모이면 에너지는 2ϵ이 되고, 양자 3개가 모이면 3ϵ이 되므로, 양자가 가질 수 있는 에너지는

$$0, \epsilon, 2\epsilon, 3\epsilon, \cdots$$

이다. 최소 에너지의 정수배 만이 가능하다는 기묘한 가설을 세웠다.

물리군 빛을 파동(전자기파)으로 생각하면 빛은 연속적인 에너지를 갖게 되잖아요?

정교수 그래서 기묘한 가설이라고 말했다네. '양자'라는 새로운 알갱이의 탄생이지. 플랑크는 양자는 빛을 구성하므로 '광자(photon)'

라고 이름을 붙였네. 앞으로는 양자 대신 광자라고 사용해야겠네.

물리군　이 가설은 식 (3-8-6)을 설명할 수 있나요?

정교수　물론이네. 그게 플랑크의 목표이니까.

플랑크는 흑체가 빛을 흡수하는 과정을 흑체가 광자를 흡수하는 것으로 생각했고, 흑체가 빛을 방출하는 과정을 흡수한 광자를 방출하는 과정이라고 생각했다. 플랑크는 흑체가 P개의 광자를 흡수하는 경우를 생각했는데, 흑체 속에 흡수된 광자의 전체 에너지는

$$P\epsilon$$

이 된다.

플랑크는 흡수된 P개의 광자가 흑체 속의 N개의 서로 다른 방[1]에 갇혀 있을 수 있다고 생각했다. 광자를 흡수한 각각의 방은 에너지를 얻게 된다. 플랑크는 N개의 방에 흡수된 총 에너지를 U_N이라고 썼다. 이때 각 방의 평균 에너지를 U라고 쓰면

$$U = \frac{U_N}{N} \tag{4-4-1}$$

1) 플랑크의 논문에서는 방 대신 공명자(resonator)라는 표현을 썼다. 마치 주파수 공명으로 특정한 라디오 채널을 수신하는 것처럼 N개의 공명자가 P개의 광자를 가둔다고 생각한 것이다. 이 논문이 나올 당시에는 원자의 올바른 모형이 나오기 전이기 때문에 플랑크는 이런 가정을 했던 것으로 보인다. 이 책에서는 일반인들에게 쉽게 다가가기 위해 방이라는 표현을 쓴 점을 이해해 주길 바란다.

또는

$$U_N = NU \tag{4-4-2}$$

가 된다. 엔트로피의 경우도 각각의 방의 엔트로피의 합이 전체 엔트로피이므로 N개의 방의 엔트로피의 합을 S_N이라고 하고, 엔트로피의 평균을 S라고 하면

$$S_N = NS \tag{4-4-3}$$

가 된다.

물리군 이해가 조금 어렵네요.

정교수 P개의 광자가 흑체에 흡수되어 N개의 서로 다른 방에 갇혀 있는 경우를 생각해 보게.

이때 평균 에너지 U는

$$U = \frac{U_N}{N}$$

이 되고,

$$U_N = NU = P\epsilon \tag{4-4-4}$$

이 된다.

이제 우리가 고려하는 계(P개의 광자를 흡수한 흑체 속의 N개의 방)에서 엔트로피를 생각해 보자. 이것은 볼츠만의 정의에 따라 구할 수 있다. P개의 광자를 N개의 방에 넣는 경우의 수 R이라고 하면 엔트로피는

$$S_N = k \ln R \tag{4-4-5}$$

이 된다.

물리군 R을 어떻게 구하죠?

정교수 예를 들어서 설명해 보겠네. 방의 개수를 3개라고 한다면, 3층 집이 되겠지? 흡수된 광자의 수를 4개라고 해보세.

물리군 $N = 3, P = 4$인 경우네요.

정교수 그렇다네. 가능한 모든 경우를 그리면 다음과 같이 되지.

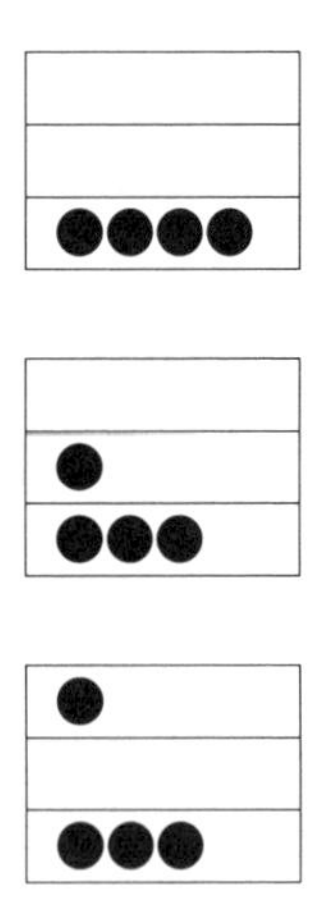

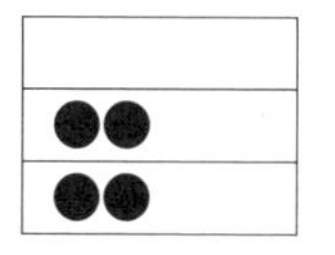

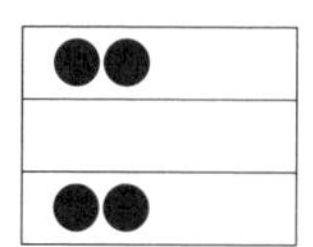

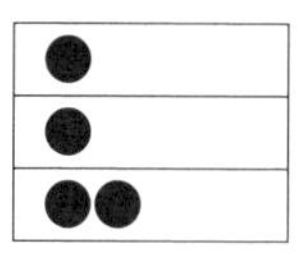

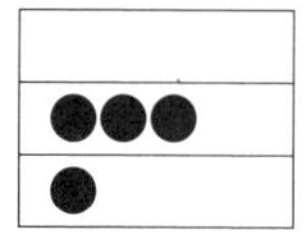

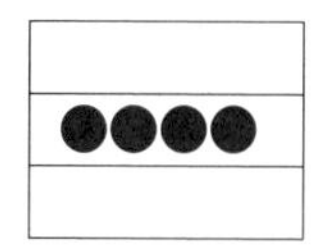

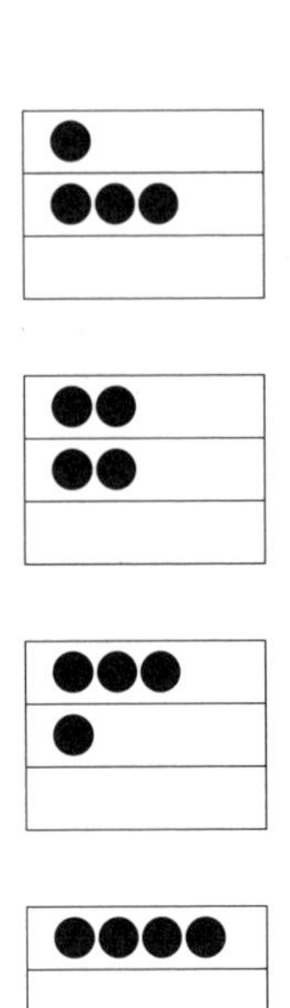

물리군　총 15가지 경우가 생기네요.

정교수　그렇네.

1층 방에 들어가는 광자의 수를 x개, 2층 방에 들어가는 광자의 수를 y개, 3층 방에 들어가는 광자의 수를 z개라고 하면

$$x+y+z=4$$

의 음이 아닌 정수 해의 개수가 된다. 이 경우의 수는 앞에서 공부한 것처럼

$${}_3H_4={}_{3+4-1}C_4={}_6C_4=15$$

가 된다.

물리군　왜 중복조합이죠?

정교수　간단하게 설명하면,

$x+y+z=4$에서 $x=4$, $y=0$, $z=0$은 해가 된다. 이것을 x, y, z 중에서 중복을 허락해 4개를

$x\,x\,x\,x$

로 뽑은 경우로 생각하면 된다. 예를 들어 해 $x=2$, $y=1$, $z=1$은 x, y, z 중에서 중복을 허락해 4개를

x, x, y, z

로 뽑은 경우이다.

물리군　중복조합이네요.

정교수　P개의 광자를 N개의 방에 넣는 경우의 수 R은

$$R = {}_NH_P = {}_{N+P-1}C_P = \frac{(N+P-1)!}{P!(N-1)!} \tag{4-4-6}$$

이 되네. 그러니까 계의 엔트로피는

$$S_N = k \ln\left(\frac{(N+P-1)!}{P!(N-1)!}\right) \quad (4\text{-}4\text{-}7)$$

이 되네.

물리군 상당히 복잡해졌네요.

정교수 차근차근 따라오면 되네.

플랑크는 흑체가 흡수한 광자의 수와 흑체 속에서 광자를 저장할 수 있는 방이 많다고 생각했다. 즉, N과 P가 엄청나게 큰 수라고 생각한 것이다. 이 생각을 근거로 큰 수에서 1을 빼는 것과 1을 빼지 않은 것은 별 차이가 없으니까 식 (4-4-7)은 다음과 같이 근사된다.

$$S_N \approx k \ln\left(\frac{(N+P)!}{P!N!}\right) \quad (4\text{-}4\text{-}8)$$

로그의 성질을 이용하면

$$S_N = k[\ln(N+P)! - \ln N! - \ln P!] \quad (4\text{-}4\text{-}9)$$

이다.

물리군 N과 P가 아주 크니까 스털링 공식을 적용하면 되겠군요.

정교수 그렇다네. 스털링 공식을 적용하면

$$\ln(N+P)! \approx (N+P)\ln(N+P) - (N+P)$$

$$\ln N! \approx N\ln N - N$$

$$\ln P! \approx P\ln P - P$$

이므로 식 (4-4-9)는

$$S_N = k[(N+P)\ln(N+P) - N\ln N - P\ln P] \quad (4\text{-}4\text{-}10)$$

이다.

물리군 플랑크 논문의 식이 나오네요.

정교수 이제 플랑크 논문의 식을 만들어 보세. 흑체 속의 여러 개의 방에 저장된 광자는 흑체가 가열되면 방출된다네. 이렇게 방출된 광자들의 흐름이 바로 복사선이지. 그러니까 흑체가 방출하는 복사에너지는 U_N이라네. 하지만 우리는 흑체 속에 몇 개의 방이 생기는지 모른다네. 그러니까 평균 복사에너지를 고려해야 하는 것이라네.

물리군 U말이죠?

정교수 그렇다네. 엔트로피도 총 엔트로피 대신 평균 엔트로피를 사용해야 하네. 식 (4-4-3)으로부터, 평균 엔트로피는

$$S = \frac{k}{N}[(N+P)\ln(N+P) - N\ln N - P\ln P] \quad (4\text{-}4\text{-}11)$$

분배법칙을 이용하면

$$S = k\left[\frac{(N+P)}{N}\ln(N+P) - \ln N - \frac{P}{N}\ln P\right]$$

$$= k\left[\left(1+\frac{P}{N}\right)\ln(N+P) - \ln N - \frac{P}{N}\ln P\right] \quad (4\text{-}4\text{-}12)$$

여기서

$$\ln(N+P) = \ln\left[N\left(1+\frac{P}{N}\right)\right] = \ln N + \ln\left(1+\frac{P}{N}\right)$$

이고,

$$\ln P = \ln\left[N\cdot\frac{P}{N}\right] = \ln N + \ln\left(\frac{P}{N}\right)$$

라고 쓸 수 있지. 위 두 식을 이용하면, 식 (4-4-12)는

$$S = k\left[\left(1+\frac{P}{N}\right)\ln\left(1+\frac{P}{N}\right) - \frac{P}{N}\ln\frac{P}{N}\right] \quad (4\text{-}4\text{-}13)$$

이네. 식 (4-4-4)에서

$$\frac{P}{N} = \frac{U}{\epsilon}$$

이니까, 식 (4-4-13)은

$$S = k\left[\left(1+\frac{U}{\epsilon}\right)\ln\left(1+\frac{U}{\epsilon}\right) - \frac{U}{\epsilon}\ln\frac{U}{\epsilon}\right] \quad (4\text{-}4\text{-}14)$$

가 된다네.

물리군 와우! 플랑크 오리지널 논문의 식이 나왔군.

정교수 이제 거의 다 왔네. 이제 우리는 엔트로피와 에너지의 관계식 (2-4-3)을 이용할 거네.

$$\frac{\partial S}{\partial U} = \frac{1}{\theta} \tag{4-4-15}$$

식 (4-4-14)를 U로 미분하면

$$\frac{\partial S}{\partial U} = k\left[\frac{1}{\epsilon}\ln\left(1+\frac{U}{\epsilon}\right)+\left(1+\frac{U}{\epsilon}\right)\cdot\frac{\frac{1}{\epsilon}}{1+\frac{U}{\epsilon}}-\frac{1}{\epsilon}\ln\frac{U}{\epsilon}-\frac{U}{\epsilon}\cdot\frac{1}{U}\right]$$

$$= \frac{k}{\epsilon}\ln\left(\frac{1+\frac{U}{\epsilon}}{\frac{U}{\epsilon}}\right) \tag{4-4-16}$$

따라서

$$\frac{k}{\epsilon}\ln\left(\frac{1+\frac{U}{\epsilon}}{\frac{U}{\epsilon}}\right) = \frac{1}{\theta}$$

또는

$$\ln\left(\frac{1+\frac{U}{\epsilon}}{\frac{U}{\epsilon}}\right)=\frac{\epsilon}{k\theta} \quad (4\text{-}4\text{-}17)$$

가 되네. 로그의 정의로부터

$$\frac{1+\frac{U}{\epsilon}}{\frac{U}{\epsilon}}=e^{\frac{\epsilon}{k\theta}} \quad (4\text{-}4\text{-}18)$$

이 식을 U에 관해 풀면

$$U=\frac{\epsilon}{e^{\frac{\epsilon}{k\theta}}-1} \quad (4\text{-}4\text{-}19)$$

가 되네.

물리군 오리지널 논문의 식이 나오네요!

정교수 이제 진즈 수를 이용하면 복사에너지 밀도를 구할 수 있네.

진동수 ν인 광자의 복사에너지 밀도는

$$u(\nu)=N(\nu)U=\frac{8\pi\nu^2}{c^3}\cdot\frac{\epsilon}{e^{\frac{\epsilon}{k\theta}}-1} \quad (4\text{-}4\text{-}20)$$

플랑크는 흑체복사 실험과 비교를 통해 진동수 ν인 광자가 가질 수 있는 최소 에너지가 진동수에 비례한다. 그리고

$$\epsilon = h\nu \tag{4-4-21}$$

가 된다는 것을 알아냈다. 여기서 h를 플랑크 상수라고 부른다. 즉, 진동수 ν인 빛의 복사에너지 밀도는 다음과 같이 주어진다.

$$u(\nu) = \frac{8\pi\nu^2}{c^3} \cdot \frac{h\nu}{e^{\frac{h\nu}{k\theta}} - 1} \tag{4-4-22}$$

양자 시대의 서막 _ 플랑크 상수를 파헤치다

물리군 플랑크 상수의 값은 얼마인가요?

정교수 이제 그 이야기를 하려고 하네.

흑체 속에는 여러 진동수의 광자가 모여있다. 모든 진동수에 대응되는 빛의 복사에너지 밀도를 합치면 흑체가 가진 총 복사에너지를 계산할 수 있다. 흑체의 총 복사에너지를 U라고 하면

$$U = \int_0^\infty u(\nu)\, d\nu \tag{4-5-1}$$

이므로 식 (4-4-22)를 넣으면

$$U = \int_0^\infty \frac{8\pi\nu^2}{c^3} \cdot \frac{h\nu}{e^{\frac{h\nu}{k\theta}} - 1} d\nu \tag{4-5-2}$$

이므로 이 식에서

$$t = \frac{h\nu}{k\theta}$$

라고 두면

$$dt = \frac{h}{k\theta} d\nu$$

이므로 식 (4-5-2)는

$$U = \frac{8\pi h}{c^3}\left(\frac{k\theta}{h}\right)^4 \int_0^\infty \frac{t^3}{e^t - 1} dt \tag{4-5-3}$$

이다.

물리군 새로운 적분이 나왔네요.

정교수 이제 다음과 같이 놓겠네.

$$J = \int_0^\infty \frac{t^3}{e^t - 1} dt \tag{4-5-4}$$

여기서

$$\frac{1}{e^t - 1} = \frac{1}{e^t(1 - e^{-t})} = \frac{e^{-t}}{1 - e^{-t}}$$

이다. 한편

$$\frac{1}{1-x} = 1 + x + x^2 + x^3 + \cdots \qquad = \sum_{n=0}^{\infty} x^n$$

을 이용하자. 이때

$$\frac{1}{e^t - 1} = = e^{-t} \sum_{n=0}^{\infty} e^{-nt} = \sum_{n=0}^{\infty} e^{-(n+1)t}$$

이므로

$$J = \int_0^{\infty} t^3 \sum_{n=0}^{\infty} e^{-(n+1)t} dt$$

$$= \sum_{n=0}^{\infty} \int_0^{\infty} e^{-(n+1)t} t^3 dt \qquad (4\text{–}5\text{–}5)$$

이다. 이제

$$(n+1)t = y$$

라고 치환하면

$$J=\sum_{n=0}^{\infty}\frac{1}{(n+1)^4}\int_0^{\infty}e^{-y}y^3dy$$

$$=\sum_{n=0}^{\infty}\frac{1}{(n+1)^4}\times 3!$$

$$=3!\zeta(4)$$

$$=6\times\frac{\pi^4}{90} \quad (4\text{–}5\text{–}6)$$

이다. 식 (4–5–6)을 식 (4–5–3)에 넣으면,

$$U=\frac{48\pi h}{c^3}\left(\frac{k\theta}{h}\right)^4\times\frac{\pi^4}{90}\fallingdotseq\frac{48\pi h}{c^3}\left(\frac{k\theta}{h}\right)^4\times 1.0823 \quad (4\text{–}5\text{–}7)$$

이 된다.

물리군 플랑크 논문의 식이 나왔네요.

정교수 플랑크는 식 (4–5–7)과 실험 결과를 비교했네.

1898년 쿠를바움(Ferdinand Kurlbaum, 1857~1927)은 $\theta=1$일 때 복사에너지를 측정했다. 이 값은

$$U=7.061\times 10^{-15}$$

였다. 플랑크는 식 (4–5–7)에 $\theta=1$을 넣은 값과 쿠를바움의 실험 결과

를 비교해

$$\frac{48\pi k^4}{c^3h^3}\times 1.0823 = 7.061\times 10^{-15}$$

가 되어,

$$\frac{k^4}{h^3} = 1.1682\times 10^{15} \qquad (4\text{–}5\text{–}8)$$

를 알아냈다.

물리군 볼츠만 상수와 플랑크 상수의 관계가 나타났네요. 둘 중 하나를 결정하면 두 상수를 결정하게 되겠어요.

정교수 그렇네. 플랑크의 빈의 법칙을 실험한 루마(Lummar)와 프링스하임(Pringsheim)의 실험 결과를 참고했네.

루마와 프링스하임은 흑체에서 나오는 복사에너지가 최대가 되는 파장을 λ_m이라고 할 때

$$\lambda_m\theta = 0.294 \qquad (4\text{–}5\text{–}9)$$

라는 실험 결과를 얻었다.

플랑크는 파장 λ인 광자의 복사에너지 밀도를 $u(\lambda)$라 두고 이것을

결정하기 위해

$$U = \int_0^\infty u(\lambda)\, d\lambda = \int_0^\infty u(\nu)\, d\nu \qquad (4\text{-}5\text{-}10)$$

의 관계식을 이용했다. 여기서

$$\lambda = \frac{c}{\nu}$$

이고

$$d\lambda = -\frac{c}{\nu^2} d\nu$$

이므로,

$$u(\lambda) = \frac{8\pi hc}{\lambda^5} \cdot \frac{1}{e^{\frac{hc}{k\lambda\theta}} - 1} \qquad (4\text{-}5\text{-}11)$$

이 된다.

물리군 플랑크 논문의 식이 나왔군.

정교수 이제 $u(\lambda)$가 최대가 되는 λ를 찾아야 하네.

$u(\lambda)$가 최대가 되면

$$\frac{du(\lambda)}{d\lambda} = 0 \qquad (4\text{-}5\text{-}12)$$

을 만족한다. 식 (4-5-11)를 미분하고 식 (4-5-12)를 만족하는 λ를 λ_m 이라고 하면,

$$\left(1-\frac{ch}{5k\lambda_m\theta}\right)e^{\frac{ch}{k\lambda_m\theta}}=1 \tag{4-5-13}$$

이 된다.

플랑크는 이 식을 풀어서

$$\lambda_m\theta=\frac{ch}{4.9651k} \tag{4-5-14}$$

라는 것을 알아냈다. 이 식과 식 (4-5-10)을 비교해서

$$\frac{ch}{4.9651k}=0.294$$

여기서 $c=3\times10^{10}$(cm/s)이므로

$$\frac{h}{k}=\frac{4.9651\times0.294}{3\times10^{10}}=4.866\times10^{-11} \tag{4-5-15}$$

이 된다. 플랑크는 식 (4-5-8)와 식 (4-5-15)를 연립해서

$$h=6.55\times10^{-27}\,(\mathrm{erg\cdot s})$$

$$k=1.346\times10^{-16}\,(\mathrm{erg/K})$$

를 얻어냈다. 이 값은 현재의 값[2]과는 약간의 차이가 있지만 당시의 실험 장치를 고려하면 굉장히 비슷한 값이다.

물리군 물리학의 중요한 2개의 상수의 값을 결정했군요.

정교수 물론이네. 2개의 상수의 발견 중에서 더욱 중요한 것은 플랑크 상수의 발견이네. 이 값은 정말 작지. 이렇게 작은 값이 중요한 역할을 하게 되는 것은 원자 속처럼 아주 작은 세계가 되네. 플랑크는 진동수 ν인 광자가 가질 수 있는 최소의 에너지가 $h\nu$가 되고 가능한 광자의 에너지가

$$h\nu,\ 2h\nu,\ 3h\nu,\ 4h\nu,\ \cdots$$

가 된다는 것을 알아냈네. 광자라는 양자가 가질 수 있는 에너지가 불연속적이라는 것을 처음으로 알아낸 거네. 이것이 바로 1900년 양자 시대의 서막을 여는 플랑크의 역사적인 논문의 결과이네.

2) 현재의 정확한 값은 $h = 6.62607015 \times 10^{-27}$(erg · s)와 $k = 1.380649$ (erg/K)이다.

다섯 번째 만남

•

광자의 존재를 알아낸 과학자들

아인슈타인, 플랑크 논문을 완성하다 _ 광전효과를 설명하다

정교수 플랑크는 자신의 논문에서 흑체복사에 대해서는 설명을 잘 했지만 실험은 확인되지 않아 다른 물리학자들의 지지를 받지 못했지. 이 문제를 해결한 과학자가 바로 아인슈타인과 콤프턴이라네.

물리군 아인슈타인이 또 등장하는군요.

정교수 이 연구로 아인슈타인은 노벨물리학상을 탔지. 이제 광전효과 논문에 대해 알아보겠네.

물리군 아인슈타인이 상대성 이론으로 노벨물리학상을 받은 게 아닌가요?

정교수 상대성 이론은 당시 실험적인 증거가 없었기 때문에 노벨물리학상 수상 위원회의 관심을 끌지 못했지.

물리군 그런 역사가 있었군요.

정교수 빛을 금속에 쪼여주면 전류가 흐른다는 것을 처음 알아낸 사람은 프랑스의 물리학자 알렉상드르-에드몽 베크렐이라네.

에드몽 베크렐은 우라늄에서 최초의 자연 방사선을 발견한 앙리 베크렐의 아버지이다. 에드몽 베크렐은 19살 때 세계 최초의 광선지(빛에 의해 작동되는 전지)를 만들었다. 이 실험에서 그는 염화은이나 브롬화 은을 사용하여 백금 전극을 코팅한 장치를 개발했다. 최초의 광전지 효과를 '베크렐 효과'라고 부른다.

1873년 영국의 전기기사인 스미스(Willoughby Smith 1828~

에드몽 베크렐
(Alexandre-Edmond Becquerel, 1820~1891)

891)는 해저 전신 케이블과 관련된 작업과 관련하여 금속의 높은 저항 특성을 테스트하는 동안 셀레늄의 광 전도성을 발견했다. 광 전도성이란 금속에 빛을 비추었을 때 금속의 전기 전도도가 변하는 성질이다.

물리군 이들이 광전효과의 창시자인가요?

정교수 이들이 빛과 전류 사이의 관계를 밝히려는 실험을 처음 한 것은 사실이지만 이들의 실험결과를 '광전효과'라고 부르지 않네. 광전효과에 대한 최초의 실험은 독일의 헤르츠가 했지.

1887년 헤르츠는 대전된 물체에 자외선을 쪼였을 때 물체의 전하량이 줄어드는 것을 알아냈다. 그는 전자기파가 공간 속에서 이동하는 실험을 성공시킨 후, 자외선을 금속에 쪼이면 전류가 발생한다는 것을 알아냈다. 이렇게 빛을 금속에 쪼였을 때 전류가 발생하는 것을 '광전효과'라고 부른다. 하지만 헤르츠는 왜 이런 현상이 발생하는지는 알아내지 못했다.

1888년부터 1891년까지 러시아의 스톨레토프(Aleksandr Stoletov, 1839~1896)가 광전효과를 분석한 결과 쪼인 빛의 강도와 유도된 광전류 사이의 직접적인 비례 관계를 발견했다.

1886~1902년 동안 독일의 할바흐스(Wilhelm Ludwig Franz Hallwachs, 1859~1922)와 레나르트(Philipp Eduard Anton von Lenard, 1862~1947)는 방전관에 자외선을 쪼였을 때 전류가 흐르는 광전효과를 발견했다. 톰슨이 전자를 발견한 후 레나르트는 자외선이 방전관 속의 음극에서 전자를 튀어나오게 한다는 것을 알아냈다. 이렇게 빛과의 충돌로 튀어나온 전자를 광전자라고 한다.

1902년 레나르트는 쪼여준 빛의 진동수가 클수록 광전자의 에너지가 커진다는 사실을 발견했다. 또한 레나르트는 어떤 진동수보다 작은 빛을 쪼여주면 그 빛으로 아무리 세게 쪼여도 광전효과가 일어나지 않는 것을 알아냈다.

물리군 빛이 전류를 만든다는 사실을 많은 사람이 알아냈군요. 그럼 아인슈타인이 한 일은 뭔가요?

정교수 아인슈타인은 광전효과를 플랑크의 양자론에 따라서 완벽하게 설명했다네.

아인슈타인은 플랑크의 양자론을 믿었다. 아인슈타인은 금속의 표면에 빛을 쪼이면 전류가 나오는 현상을 광자가 금속 표면에 있는 전자와 충돌해 전자를 튀어나오게 하는 현상이라고 설명했다. 이렇게 튀어나온 전자의 흐름이 전류를 만든다.

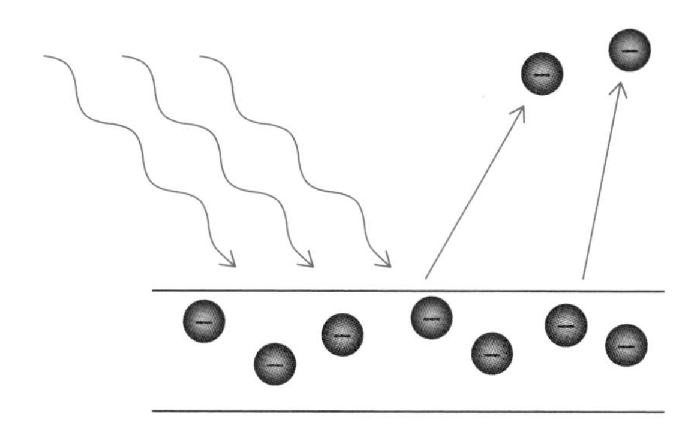

광전효과로 튀어나온 전자는 운동에너지를 갖는다. 전자의 질량을 m이라고 하고, 튀어나온 전자의 속력을 v라고 하면 전자의 운동에너지는

$$\frac{1}{2}mv^2$$

이다. 금속이 전자를 탈출하지 못하게 하는 에너지를 일함수 W라고 하는데 일함수의 값은 금속에 따라 다르다. 그러므로 전자가 가진 총 에너지는

$$\frac{1}{2}mv^2 + W$$

가 된다. 에너지 보존 법칙에 따라

(광자의 에너지) = (광전자의 총 에너지)

이므로

$$h\nu = \frac{1}{2}mv^2 + W$$

이다. 따라서 광전자의 운동에너지는

$$\frac{1}{2}mv^2 = h\nu - W$$

가 된다. 운동에너지는 음수가 아니므로

$$\frac{1}{2}mv^2 = h\nu - W \geq 0$$

이 된다. 즉

$$h\nu \geq W$$

또는

$$\nu \geq \frac{W}{h} \qquad (5\text{-}1\text{-}1)$$

인 진동수의 빛을 쪼였을 때만 광전효과 일어난다. 따라서 금속의 일함수가 작을수록 광전효과가 잘 일어난다. 일함수가 작은 금속으로는 세슘, 포타슘, 카드뮴 등이 있고 이 금속들은 광전지의 소재가 된다.

아인슈타인은 레나르트의 실험에서 어떤 진동수보다 작은 빛이 광전효과를 일으키지 않는 이유를 광자의 진동수가 식 (5-1-1)의 조건을 만족하지 않기 때문이라고 설명했다.

물리군 금속의 일함수가 광전효과에서는 아주 중요하네요.

정교수 이것을 다음과 같이 비유할 수 있겠네.

빛이 있고, 금속 속의 전자를 빛이 사고 싶어 하는 물건이라고 하자. 상점에서 전자의 값이 50원이고, 빛이 가지고 있는 돈이 10원이라면 빛은 전자를 구입할 수 없다. 그러나 빛이 가진 돈이 70원이라면 50원으로 전자를 사고 거스름돈 20원을 받게 된다. 이때 전자의 가격이 일함수, 빛이 낸 돈은 광자의 에너지에 비유할 수 있다. 따라서 물건 값이 비싼 가게에서는 전자를 구입한 뒤 밖으로 나오기 힘들고, 반대로 물건 값이 저렴하면 밖으로 가지고 나올 수 있다. 이 비유는 일함수가 작으면 작을수록 왜 광전효과가 일어나기 쉬워지는지를 설명하는 예다.

물리군 광전효과는 파동으로는 설명할 수 없는 건가요?

정교수 광전효과는 빛이 광자라는 입자(정확하게는 양자)로 이루어져 있다고 생각할 때만 설명될 수 있다네.

물리군　그렇군요.

콤프턴 효과_양자의 존재를 밝힌 강력한 한 방

정교수　1923년 미국의 물리학자 콤프턴은 광자가 실제로 존재한다는 또 하나의 중요한 논문을 발표했지.

콤프턴은 1892년 9월 10일 미국 오하이오 우스터에서 태어났다. 그는 천문학에 관심이 있어서 1910년에 핼리 혜성의 사진을 찍었으며, 1913년에는 원형 튜브에서 물의 움직임을 조사하여 지구의 자전을 입증했다. 그해 우스터 대학에서 이학사 학위를 받고 프린스턴 대

콤프턴(Arthur Holly Compton, 1892~1962)

학에 입학해 1914년에 문학 석사 학위를 받았다. 그는 프린스턴 대학에서 X선의 굴절과 원자 속 전자 분포에 관심을 가졌고, 1916년에 박사 학위를 받았다.

콤프턴은 1916년부터 1917년까지 미네소타 대학에서 물리학 강사로 시간을 보냈으며 그 후 2년 동안 피츠버그에 있는 회사의 연구원으로 일하면서 나트륨 증기 램프 개발에 참여했다.

1919년 콤프턴은 국가연구위원회(National Research Council Fellowship)의 지원을 받아 영국 케임브리지 대학의 캐번디시 연구소로 향했다. 이곳에서 전자를 발견한 톰슨의 아들인 조지 톰슨(George Paget Thomson)과 함께 감마선의 산란과 흡수를 연구했다.

물리군 콤프턴은 어떻게 광자의 존재를 알아낸 것이죠?

정교수 빛과 전자의 충돌 과정을 생각했다네.

콤프톤은 플랑크의 논문을 통해 진동수가 ν인 광자가 에너지 $h\nu$를 가진다는 것을 알고 있었다. 콤프톤은 이 광자가 질량이 m인 정지해 있던 전자와 충돌하면 충돌 후 광자의 진동수가 어떻게 달라지는지 연구했다.

고전역학에서 어떤 속도로 움직이는 당구공이 정지해 있는 당구공과 충돌하는 경우를 생각해 보자. 이때 어떤 속도로 움직이는 당구공을 당구공 1이라고 하고, 정지해 있던 당구공을 2라고 하자. 충돌 후 당구공 1과 2는 모두 움직인다.

당구공 1은 원래 오던 방향에서 어떤 각도만큼 꺾인 방향으로 움직인다. 그러나 충돌로 에너지가 줄어들었기 때문에 속력은 줄어든다. 정지해 있던 당구공 2는 당구공 1과 충돌 뒤 어떤 각도로 다시 튕기면서 속도를 얻게 된다. 물리학자들은 질량과 속도의 곱을 '운동량'이라고 정의한다. 이것이 고전역학에서의 충돌 현상이다.

하위헌스(Christiaan Huygens 1629~1695)는 두 물체의 충돌 과정에서 총 운동량이 보존된다는 것을 알아냈다.

(충돌 전 총 운동량) = (충돌 후 총 운동량)

이때

(충돌 전 총 운동량) =
(충돌 전 당구공 1의 운동량) + (충돌 전 당구공 2의 운동량)

이고,

(충돌 후 총 운동량) =
(충돌 후 당구공 1의 운동량) + (충돌 후 당구공 2의 운동량)

만일 탄성충돌을 생각하면 충돌 전과 후의 에너지로 보존된다.

물리군 탄성충돌이 뭔가요?

정교수 충돌 과정에서 에너지의 손실이 없는 충돌일세. 당구공 충돌 문제에서 당구공의 에너지는 운동에너지뿐이지. 그러므로 충돌 전과 후 에너지가 달라지지 않는다는 것이 에너지 보존 법칙이네.

(충돌 전 운동에너지) =
(충돌 전 당구공 1의 운동에너지) + (충돌 전 당구공 2의 운동에너지)

(충돌 후 운동에너지) =
(충돌 후 당구공 1의 운동에너지) + (충돌 후 당구공 2의 운동에너지)

정교수 콤프턴은 광자와 전자의 충돌 과정에 대해 운동량 보존법칙과 에너지 보존법칙을 사용할 생각이었다네. 그러기 위해서는 광자의 운동량을 알아야 했지.

물리군 당구공 1이 광자이고, 당구공 2가 전자가 되는 건가요?

정교수 맞다네.

물리군 광자는 질량이 0이고 운동량은 질량과 속도의 곱이므로 광자의 운동량은 0이 되는 건가요?

정교수 그것은 고전역학을 적용했을 때 이야기라네. 콤프턴은 광자와 전자의 충돌 문제에서 아인슈타인의 특수상대성 이론을 사용할 생각이었다네.

1905년 아인슈타인은 정지해 있을 때 질량이 m인 물체는 속도 v

로 등속도 운동하면 질량이 달라지며 달라진 질량 $M(v)$은

$$M(v) = m\gamma \tag{5-2-1}$$

이므로 여기서

$$\gamma = \frac{1}{\sqrt{1-\beta^2}} \tag{5-2-2}$$

이고

$$\beta = \frac{v}{c} \tag{5-2-3}$$

이다. 아인슈타인은 물체의 상대론적인 에너지 E는

$$E = M(v)c^2 \tag{5-2-4}$$

이 된다는 것을 알아냈다. 아인슈타인은 이 사실을 이용해 속도 v로 등속도 운동하는 물체의 운동에너지는

$$K = M(v)c^2 - mc^2 = mc^2(\gamma - 1) \tag{5-2-5}$$

이 된다는 것도 알아냈다. 물체가 정지해 있을 때의 질량 m을 정지질량이라고 부른다.

물리군 운동량도 달라지게 되나요?

정교수 움직이는 물체는 질량이 달라지니까 운동량도 달라진다네.

속도 v로 등속도 운동하는 물체의 운동량은

$$p = M(v)v = \gamma m v \tag{5-2-6}$$

라네.

물리군 이 식도 아인슈타인이 찾은 건가요?

정교수 아니네. 식 (5-2-6)을 처음 발견한 사람은 막스 플랑크지.

물리군 대단해요. 자신의 전문 분야도 아닌데 식을 발견하다니 말이죠.

정교수 이론물리학자들은 재미있는 연구를 좋아하지. 플랑크도 아인슈타인의 특수상대성 이론이 재미있어서 그 논문을 연구하게 된 거니 말일세.

콤프턴은 식 (5-2-4)과 식 (5-2-6)을 동시에 들여다보았다. 식 (5-2-4)과 식 (5-2-6)을 제곱하면

$$E^2 = \frac{m^2c^4}{1-\beta^2}$$

$$p^2 = \frac{m^2v^2}{1-\beta^2}$$

이 된다. 이 두 식에서

$$E^2 - p^2c^2 = m^2c^4 \tag{5-2-7}$$

또는

$$E^2 = p^2c^2 + m^2c^4 \tag{5-2-8}$$

이 된다. 이 식을 에너지–운동량 관계식이라고 부른다.

콤프턴은 정지질량이 0인 경우에도 식 (5–2–8)이 성립한다고 생각했다. 진동수 ν인 광자는 플랑크에 의해 에너지가

$$E = h\nu$$

라는 것이 알려져 있었다. 광자는 정지질량이 0이므로 식 (5–2–8)은

$$E^2 = p^2c^2 \tag{5-2-9}$$

또는

$$E = pc \tag{5-2-10}$$

가 되어 광자도 운동량을 가질 수 있다. 진동수 ν인 광자의 운동량은

$$p = \frac{E}{c} = \frac{h\nu}{c} \tag{5-2-11}$$

가 된다. 여기서 파장 $\lambda = \frac{c}{\nu}$를 도입하면 파장이 λ인 광자의 운동량은

$$p = \frac{h}{\lambda} \tag{5-2-12}$$

가 된다.

물리군 광자는 질량이 0인데도 운동량을 갖고 있군요.

정교수 그렇다네. 뉴턴역학에서는 상상할 수 없는 일이지. 하지만 뉴턴역학은 20세기에 와서 상대성 이론과 양자론의 등장으로 틀린 이론으로 판명되었지. 이제 상대성 이론과 양자론을 옳은 이론으로 생각해야 한다네.

이제 콤프턴의 논문 속으로 들어가 보자. 진동수 ν인 광자가 정지해 있는 정지질량 m인 전자를 향해 날아가는 경우를 생각하자.

앞으로 광자를 1번, 전자를 2번이라고 쓰자. 당구공의 충돌 문제처럼 광자와 전자가 충돌한 후의 모습은 다음 그림과 같다.

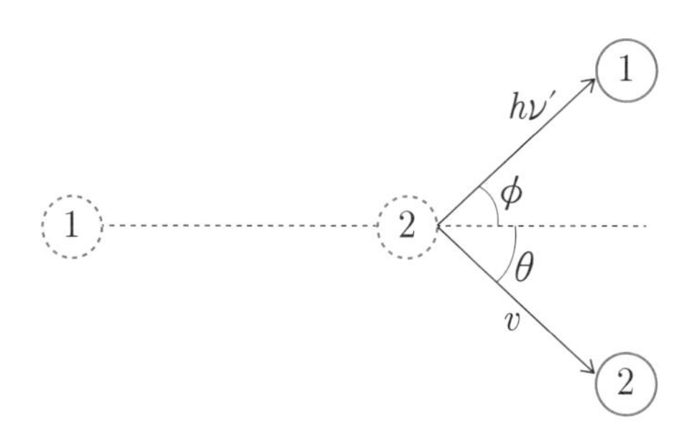

충돌 후 광자의 진동수는 ν'이 되었고, 정지해 있던 전자는 속력 v로 튕겼다. 여기서 ϕ를 산란각이라고 부른다. 충돌 전 광자의 파장은

$$\lambda = \frac{c}{\nu}$$

이고, 충돌 후 광자의 파장은

$$\lambda' = \frac{c}{\nu'}$$

가 된다.

충돌 전후의 에너지 보존법칙에서

$$h\nu = h\nu' + (\gamma - 1)mc^2 \qquad (5\text{-}2\text{-}13)$$

이 된다.

물리군 운동량 보존법칙은

$$\frac{h}{\lambda} = \frac{h}{\lambda'} + \gamma mv \qquad (5\text{-}2\text{-}14)$$

인가요?

정교수 아니네. 운동량은 방향과 크기를 가진 양이므로 식 (5-2-14)은 성립하지 않네. 이렇게 방향과 크기를 가진 양에 대해서는 수평과

수직을 방향으로 나누어 고려해야 하지.

충돌 전 광자는 수평 방향으로 운동량 $\frac{h}{\lambda}$를 가지고 전자는 정지해 있으므로 운동량이 0이다. 충돌 후 광자의 운동량을 그리면 다음 그림과 같다.

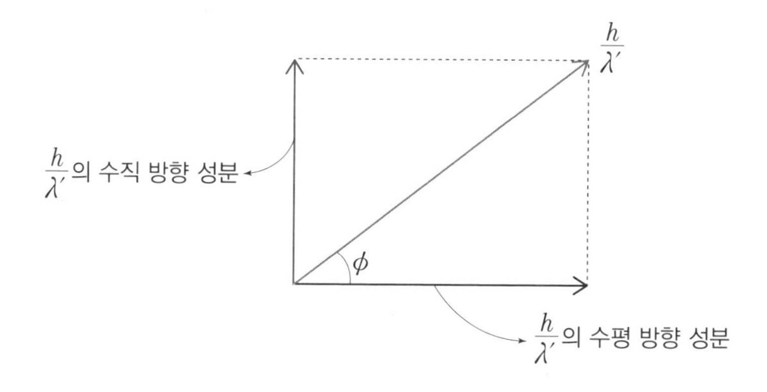

충돌 후 광자의 수평 방향 성분 $= \frac{h}{\lambda'}\cos\phi$

충돌 후 광자의 수직 방향 성분 $= \frac{h}{\lambda'}\sin\phi$

충돌 후 전자의 운동량을 그리면 다음 그림과 같다.

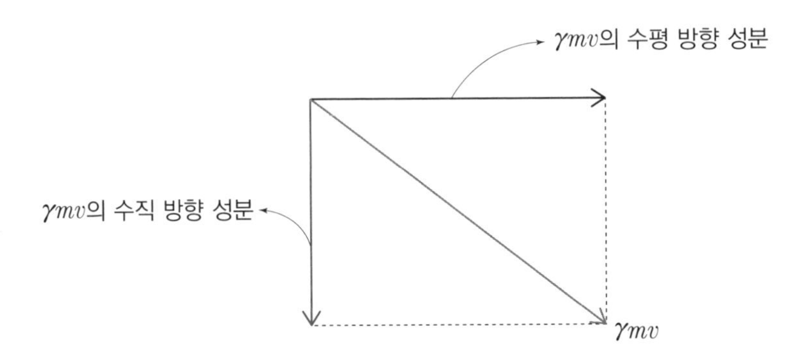

충돌 후 전자의 수평 방향 성분 $= \gamma mv \cos\theta$

충돌 후 광자의 수직 방향 성분 $= -\gamma mv \sin\theta$

충돌 후 광자의 수직 성분은 ↓방향이므로 음의 부호를 붙였다. 이제 운동량 보존 법칙은 다음과 같다.

(충돌 전 총 운동량의 수평 방향 성분) = (충돌 후 총 운동량의 수평 방향 성분) (5-2-15)

(충돌 전 총 운동량의 수직 방향 성분) = (충돌 후 총 운동량의 수직 방향 성분) (5-2-16)

식 (5-2-15)는

$$\frac{h}{\lambda} = \frac{h}{\lambda'} \cos\phi + \gamma mv \cos\theta \quad (5\text{-}2\text{-}17)$$

을 주고, 식 (5-2-16)은

$$0 = \frac{h}{\lambda'}\sin\phi - \gamma mv\sin\theta \tag{5-2-18}$$

을 준다. 식 (5-2-17)과 식 (5-2-18)을 다시 쓰면,

$$\gamma mv\cos\theta = \frac{h}{\lambda} - \frac{h}{\lambda'}\cos\phi \tag{5-2-19}$$

$$\gamma mv\sin\theta = \frac{h}{\lambda'}\sin\phi \tag{5-2-20}$$

이 된다. 두 식을 제곱해서 더하면 $\sin^2\theta + \cos^2\theta = 1$이므로

$$p^2 + p'^2 - 2pp'\cos\phi = (\gamma mv)^2 \tag{5-2-21}$$

이 된다. 여기서

$$p = \frac{h}{\lambda},\ p' = \frac{h}{\lambda'}$$

이다. 식 (5-2-13)을 파장으로 다시 쓰면,

$$h\frac{c}{\lambda} = h\frac{c}{\lambda'} + mc^2(\gamma - 1) \tag{5-2-22}$$

이 되어,

$$p - p' = mc(\gamma - 1) \tag{5-2-23}$$

이 된다.

식 (5–2–21)을 다시 쓰면

$$(p-p')^2+2pp'(1-\cos\phi)=(\gamma mv)^2$$

이 식에 식 (5–2–23)을 넣으면

$$2pp'(1-\cos\phi)=(\gamma mv)^2-m^2c^2(\gamma-1)^2$$

$$=2m^2c^2(\gamma-1)$$

이 되어,

$$pp'=\frac{m^2c^2(\gamma-1)}{1-\cos\phi} \quad (5\text{–}2\text{–}24)$$

이 된다. 한편

$$\frac{1}{p'}-\frac{1}{p}=\frac{p-p'}{pp'}=\frac{1}{mc}(1-\cos\phi) \quad (5\text{–}2\text{–}25)$$

이므로 이 식을 파장으로 나타내면

$$\lambda'=\lambda+\frac{h}{mc}(1-\cos\phi) \quad (5\text{–}2\text{–}26)$$

이다. 삼각함수의 반각공식

$$\sin^2\frac{\phi}{2} = \frac{1-\cos\phi}{2}$$

를 이용하면,

$$\lambda' = \lambda + \frac{2h}{mc}\sin^2\phi \tag{5-2-27}$$

이다. 콤프턴은 전자의 질량, 광속, 플랑크상수를 넣어서 식 (5-2-27)이

$$\lambda' = \lambda + 0.0484\sin^2\phi \ \ (\text{Å}) \tag{5-2-28}$$

이 된다는 것을 알아냈다.[3] 여기서 Å은

$$1\,\text{Å} = 10^{-10}(\text{m})$$

이다.

물리군 전자와의 충돌 후 빛의 파장이 길어지는군요. 콤프턴은 실험도 했나요?

정교수 물론이지. 콤프턴이 사용한 빛은 파장이 아주 짧은 X선이었다네. 그는 X선을 흑연판에 쪼여 산란된 X선의 파장을 산란각에 따라 측정해 이론과 실험을 비교했지.

3) 당시에는 전자의 질량과 플랑크 상수의 값이 정확하지 않았다. 현재 값에 따르면 0.0484가 아니라 0.0486 정도이다.

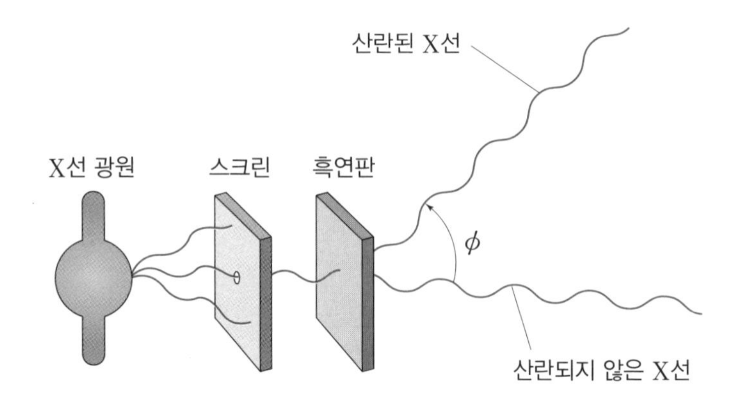

콤프턴이 사용한 X선의 파장은 0.022Å이었다.

$$\lambda = 0.022Å$$

콤프턴은 몇 개의 산란각에 대해 산란된 X선의 파장과 이론적으로 계산된 값을 비교했다.

산란각(°)	측정된 파장(Å)	이론값(Å)
45	0.030	0.029
90	0.043	0.047
135	0.068	0.063

물리군 실험 결과와 이론값이 거의 일치하네요.

정교수 그렇네. 콤프턴은 이 업적으로 1927년 노벨물리학상을 수상했지.

물리군 노벨상을 받을 만한 일이네요.

정교수 아인슈타인의 광전효과와 콤프턴의 실험은 빛을 파동으로 다루면 설명이 되지 않고, 빛을 광자라는 입자로 다루었을 때만 설명이 된다네. 이제 플랑크의 양자 가설이 확인이 된 것이지. 양자의 존재를 밝힌 플랑크와 아인슈타인, 콤프턴은 노벨물리학상을 받았을 만큼 그 업적이 매우 컸다네.

만남에 덧붙여

On an Improvement of Wien's Equation for the Spectrum

M. Planck
Berlin
(Received 1900)

Verhandl. Dtsch. phys. Ges., **2**, 202 **1900**

— — ◇◊◇ — —

English translation from "The Old Quantum Theory," ed. by D. ter Haar, Pergamon Press, 1967, p. 79.

— — ◇◊◇ — —

The interesting result of long wave length spectral energy measurements which were communicated by Mr. Kurlbaum at today's meeting, and which were obtained by him and Mr. Rubens, confirm the statement by Mr. Lummer and Mr. Pringsheim, which was based on their observations that Wien's energy distribution law is not as generally valid, as many supposed up to now, but that this law at most has the character of a limiting case, the simple from of which was due only to a restriction to short wave lengths and low temperatures[1]. Since I myself even in this Society have expressed the opinion that Wien's law must be necessarily true, I may perhaps be permitted to explain briefly the relationship between the electromagnetic theory developed by me and the experimental data.

The energy distribution law is according to this theory determined as soon as the entropy S of a linear resonator which interacts with the radiation is known as function of the vibrational energy U. I have, however, already in my last paper on this subject[1] stated that the law of increase of by itself not yet sufficient to determine this function completely; my view that Wien's law would be of general validity, was brought about rather by special considerations, namely by the evaluation of an infinitesimal increase of the entropy of a system of n identical resonators in a stationary radiation field by two different methods which led to the equation

$$dU_n \cdot \Delta U_n \cdot f(U_n) = ndU \cdot \Delta U \cdot f(U),$$

[1]Mr. Paschen has written to me that he has also recently found appreciable deviations from Wien's law

where

$$U_n = nU \qquad \text{and} \qquad f(U) = -\frac{3}{5}\,\frac{d^2S}{dU^2}.$$

From this equation Wien's law follows in the form

$$\frac{d^2S}{dU^2} = \frac{\text{const}}{U}.$$

The expression on the right-hand side of this functional equation is certainly the above–mentioned change in entropy since n identical processes occur independently, the entropy changes of which must simply add up. However, I consider the possibility, even if it would not be easily understandable and in any case would be difficult to prove, that the expression on the left-hand side would not have the general meaning which I attributed to it earlier, in other words: that the values of U_n, dU_n and ΔU_n are not by themselves sufficient to determine the change of entropy under consideration, but that U itself must also be known for this. Following this suggestion I have finally started to construct completely arbitrary expressions for the entropy which although they are more complicated than Wien's expression still seem to satisfy just as completely all requirements of the thermodynamic and electromagnetic theory.

I was especially attracted by one of the expressions thus constructed which is nearly as simple as Wien's expression and which deserves to be investigated since Wien's expression is not sufficient to cover all observations. We get this expression by putting[2]

$$\frac{d^2S}{dU^2} = \frac{\alpha}{U(\beta + U)}.$$

It is by far simplest of all expressions which lead to S as a logarithmic function of U–which is suggested from probability considerations – and which moreover reduces to Wien's expression for small values of U. Using the relation

$$\frac{dS}{dU} = \frac{1}{T}$$

and Wien's "displacemen" law[3] one gets a radiation formula with two con-

[2]I use the second derivative of S with respect to U since this quantity has a simple physical meaning.

[3]The expression of Wien's displacement law is simply

$$S = f(U/\nu),$$

where ν is the frequency of the resonator, as I shall show elsewhere.

stants:

$$E = \frac{C\lambda^{-5}}{e^{c/\lambda T} - 1},$$

which, as far as I can see at the moment, fits the observational data, published up to now, as satisfactory as the best equations put forward for the spectrum, namely those of Thiesen[2][4] Lummer–Jahnke[4], and Lummer–Pringsheim[5]. (This was demonstrated by some numerical examples.) I should therefore be permitted to draw your attention to this new formula which I consider to be the simplest possible, apart from Wien's expression, from the point of view of the electromagnetic theory of radiation.

References

[1] M. Planck Am. Physik. 1, 730 (1900);

[2] M. Thiesen, Verh. D. Phys. Ges. Berlin 2, 67 (1900);

[3] M. Planck, Ann. Physik 1, 719 (1900);

[4] O. Lummer and E. Jahnke, Ann. Physik Lpz. 3, 288 (1900);

[5] O. Lummer and E. Pringsheim, Verh. Dtsch. Phys. Ges. Berlin 2, 174 (1900)

논문 웹페이지

[4]One can see there that Mr. Thiesen had put forward his formula before Mr. Lummer and Mr. Pringsheim had extended their measurements to longer wave lengths. I emphasise this point as I have made a statement to the contrary[3] before this paper was published.

On the Theory of the Energy Distribution Law of the Normal Spectrum

M. Planck
Berlin
(Received 1900)

Verhandl. Dtsch. phys. Ges., **2,** 237 **1900**

—— ◇◇◇ ——

English translation from "The Old Quantum Theory," ed. by D. ter Haar, Pergamon Press, 1967, p. 82.

—— ◇◇◇ ——

GENTLEMEN: when some weeks ago I had the honour to draw your attention to a new formula which seemed to me to be suited to express the law of the distribution of radiation energy over the whole range of the normal spectrum [1], I mentioned already then that in my opinion the usefulness of this equation was not based only on the apparently close agreement of the few numbers, which I could then communicate, with the available experimental data,[1] but mainly on the simple structure of the formula and especially on the fact that it gave a very simple logarithmic expression for the dependence of the entropy of an irradiated monochromatic vibrating resonator on its vibrational energy. This formula seemed to promise in any case the possibility of a general interpretation much rather than other equations which have been proposed, apart from Wien's formula which, however, was not confirmed by experiment.

Entropy means disorder, and I thought that one should find this disorder in the irregularity with which even in a completely stationary radiation field the vibrations of the resonator change their amplitude and phase, as long as considers time intervals long compared to the period of one vibration, but short compared to the duration of a measurement. The constant energy of the stationary vibrating resonator can thus only be considered to be a time

[1]Verh. Dtsch. Phys. Ges. Berlin 2, 237 (1900)

average, or, put differently, to be an instantaneous average of the energies of a large number of identical resonators which are in the same stationary radiation field, but far enough from one another not to influence each other. Since the entropy of a resonator is thus determined by the way in which the energy is distributed at one time over many resonators, I suspected that one should evaluate this quantity in the electromagnetic radiation theory by introducing probability considerations, the importance of which for the second law of thermodynamics was first of all discovered by Mr. Boltzmann[3]. This suspicion has been confirmed; I have been able to derive deductively an expression for the entropy of a monochromatically vibrating resonator and thus for the energy distribution in a stationary radiation state, that is, in the normal spectrum. To do this it was only necessary to extend somewhat the interpretation of the hypothesis of "natural radiation" which is introduced in electromagnetic theory. Apart from this I have obtained other relations which seem to me to be of considerable importance for other branches of physics and also of chemistry.

I do not wish to give today this deduction – which is based on the laws of electromagnetic radiation, thermodynamics and probability calculus – systematically in all details, but rather to explain as clearly as possible the real core of the theory. This can be done most easily by describing to you a new, completely elementary treatment through which one can evaluate – without knowing anything about a spectral formula or about any theory – the distribution of a given amount of energy over the different colours of the normal spectrum using one constant of nature only and after that the value of the temperature of this energy radiation using a second constant of nature. You will find many points in the treatment to be presented arbitrary and complicated, but as I said a moment ago I do not want to pay attention to a proof of the necessity and the simple, practical details, but to the clarity and uniqueness of the given prescriptions for the solution of the problem.

Let us consider a large number of monochromatically vibrating resonator – N of frequency ν (per second), N' of frequency ν', N'' of frequency ν'', ..., with all N large number – which are at large distances apart and are enclosed in a diathermic medium with light velocity c and bounded by reflecting walls. Let the system contain a certain amount of energy, the total energy E_t (erg) which is present partly in the medium as travelling radiation and partly in the resonators as vibrational energy. The question is how in a stationary state this energy is distributed over the vibrations of the resonator and over the various of the radiation present in the medium, and what will be the temperature of the total system.

To answer this question we first of all consider the vebrations of the resonators and assign to them arbitrary definite energies, for instance, an energy E to the N resonators ν, E' to the N' resonators $\nu', \ldots$. The sum

$$E + E' + E'' + \ldots = E_0$$

must, of course, be less than E_t. The remainer $E_t - E_0$ pertains then to the radiation present in the medium. We must now give the distribution of the energy over the separate resonators of each group, first of all the distribution of the energy E over the N resonators of frequency ν. If E considered to be continuously divisible quantity, this distribution is possible in infinitely many ways. We consider, however – this is the most essential point of the whole calculation – E to be composed of a very definite number of equal parts and use thereto the constant of nature $h = 6.55 \times 10^{-27}$ erg · sec. This constant multiplied by the common frequency ν of the resonators gives us the energy element ε in erg, and dividing E by ε we get the number P of energy elements which must be divided over the N resonators. If the ratio is not an integer, we take for P an integer in the neighbourhood.

It is clear that the distribution of P energy elements over N resonators can only take place in a finite, well-defined number of ways. Each of these ways of distribution we call a "complexion", using an expression introduced by Mr. Boltzmann for a similar quantity. If we denote the resonators by the numbers 1, 2, 3, …, N, and write these in a row, and if we under each resonator put the number of its energy elements, we get for each complexion a symbol of the following form

1	2	3	4	5	6	7	8	9	10
7	38	11	0	9	2	20	4	4	5

We have taken here $N = 10$, $P = 100$. The number of all possible complexions is clearly equal to the number of all possible sets of number which one can obtain for lower sequence for given N and P. To exclude all misunderstandings, we remark that two complexions must be considered to be different if the corresponding sequences contain the same numbers, but in different order. From the theory of permutations we get for the number of all possible complexions

$$\frac{N(N+1)\cdot(N+2)\ldots(N+P-1)}{1\cdot 2\cdot 3\ldots P} = \frac{(N+P-1)!}{(N-1)!P!}$$

or to a sufficient approximations,

$$= \frac{(N+P)^{N+P}}{N^N P^P}.$$

We perform the same calculation for the resonators of the other groups, by determining for each group of resonators the number of possible complexions for the energy given to the group. The multiplication of all numbers obtained in this way gives us then the total number R of all possible complexions for the arbitrary assigned energy distribution over all resonators.

In the same way any other arbitrarily chosen energy distribution $E, E', E'' \ldots$ will correspond to a definite number R of all possible complexions which is evaluated in the above manner. Among all energy distributions which are possible for a constant $E_0 = E + E' + E'' + \ldots$ there is one well–defined one for which the number of possible complexions R_0 is larger than for any other distribution. We look for this distribution, if necessary by trial, since this will just be the distribution taken up by the resonators in the stationary radiation field, if they together possess the energy E_0. This quantities $E, E', E'', \ldots$ can then be expressed in terms of E_0. Dividing E by N, E' by $N', \ldots$ we obtain the stationary value of the energy $U_\nu, U'_{\nu'}, U''_{\nu''} \ldots$ of a single resonator of each group, and thus also the spatial density of the corresponding radiation energy in a diathermic medium in the spectral range ν to $\nu + d\nu$,

$$u_\nu d\nu = \frac{8\pi\nu^2}{c^3} \cdot U_\nu d\nu,$$

so that the energy of the medium is also determined.

Of all quantities which occur only E_0 seems now still to be arbitrary. One sees easily, however, how one can finally evaluate E_0 from the total energy E_t, since if the chosen value of E_0 leads, for instance, to too large a value of E_t, we must decrease it, and the other way round.

After the stationary energy distribution is thus determined using a constant h, we can find the corresponding temperature ϑ in degrees absolute[2] using a second constant of nature $k = 1.346 \times 10^{-6}$ erg $\cdot$ degree^{-1} through the equation

$$\frac{1}{\vartheta} = k\,\frac{d\,ln\,R_0}{dE_0}.$$

The product $k \ln \cdot R_0$ is the entropy of the system of resonators; it is the sum of the entropy of all separate resonators.

It would, to be sure, be very complicated to perform explicity the above–mentioned calculations, although it would not be without some interest to test the truth of the attainable degree of approximation in a simple case. A more general calculation which is performed very simply, using the above

[2] The original states "degrees centigrade" which is clearly a slip [D. t. H.]

prescriptions shows much more directly that the normal energy distribution determined in this way for a medium containing radiation is given by expression

$$u_\nu d\nu = \frac{8\pi\nu^3}{c^3}\frac{d\nu}{e^{h\nu/k\vartheta}-1}$$

which corresponds exactly to the spectral formula which I give earlier

$$E_\lambda d\lambda = \frac{c_1\lambda^{-5}}{e^{c_2/\lambda\vartheta}-1}d\lambda.$$

The formal differences are due to the differences in the definitions of u_ν and E_λ. The first equation is somewhat more general inasfar as it is valid for arbitrary diathermic medium with light velosity c. The numerical values of h and k which I mentioned were calculated from that equation using the measurements by F. Kurlbaum and by O. Lummer and E. Pringsheim.[3]

I shall now make a few short remarks about the question of the necessity of the above given deduction. The fact that the chosen energy element ε for a given group of resonators must be proportional to the frequency ν follows immediately from the extremely important Wien displacement law. The relation between u and U is one of the basic equations of the electromagnetic theory of radiation. Apart from that, the whole deduction is based upon the theorem that the entropy of a system of resonators with given energy is proportional to the logarithm of the total number of possible complexions for the given energy. This theorem can be split into two other theorems: (1) The entropy of the system in a given state is proportional to the logarithm of the probability of that state, and (2) The probability of any state is proportional to the number of corresponding complexions, or, in other words, any definite complexion is equally probable as any other complexion. The first theorem is, as for as radiative phenomena are concerned, just a definition of the probability of the state, insofar as we have for energy radiation no other a priori way to define the probability that the definition of its entropy. We have here a distinction from the corresponding situation in the kinetic theory of gases. The second theorem is the core of the whole of the theory presented here: in the last resort its proof can only be given empirically. It can also be understood as a more detailed definition of the hypothesis of natural radiation which I have introduced. This hypothesis I have expressed before [6] only in the form that the energy of the radiation is completely "randomly" distributed over the various partial vibrations present in the

[3]F. Kurlbaum [4] gives $S_{100} - S_0 = 0.0731$ Watt cm^{-2}, while O. Lummer and E. Pringsheim [5] give $\lambda_m\vartheta = 2940\mu \cdot$ degree.

radiation.[4] I plan to communicate elsewhere in detail the considerations, which have only been sketched here, with all calculations and with a survey of the development of the theory up to the present.

To conclude I may point to an important consequence of this theory which at the same time makes possible a further test of its reliability. Mr. Boltzmann [7] has shown that the entropy of a monatomic gas in equilibrium is equal to $\omega R \ln P_0$, where P_0 is the number of possible complexions (the "permutability") corresponding to the most probable velocity distribution, R being the well known gas constant (8.31×10^7 for O = 16), ω the ratio of the mass of a real molecule to the mass of a mole, which is the same for all substances. If there are any radiating resonators present in the gas, the entropy of the total system must according to the theory developed here be proportional to the logarithm of the number of all possible complexions, including both velocities and radiation. Since according to the electromagnetic theory of the radiation the velocities of the atoms are completely independent of the distribution of the radiation energy, the total number of complexions is simply equal to the product of the number relating to the velocities and the number relating to the radiation. For the total entropy we have thus

$$f \ln (P_0 R_0) = f \ln P_0 + f \ln R_0,$$

where f is a factor of proportionality. Comparing this with the earlier expressions we find

$$f = \omega R = k,$$

or

$$\omega = \frac{k}{R} = 1.62 \times 10^{-24},$$

that is, a real molecule is 1.62×10^{-24} of a mole or, a hydrogen atom weighs 1.64×10^{-24} g, since H = 1.01, or, in a mole of any substance there are $1/\omega = 6.175 \times 10^{23}$ real molecules. Mr. O.E Mayer [8] gives for this number 640×10^{21} which agrees closely.

[4]When Mr. Wien in his Paris report about the theoretical radiation laws did not find my theory on the irreversible radiation phenomena satisfactory since it did not give the proof that the hypothesis of natural radiation is the only one which leads to irreversibility, he surely demanded, in my opinion, too much of this hypothesis. If one could prove the hypothesis, it would no longer be a hypothesis, and one did not have to formulate it. However, one could then not derive anything new from it. From the same point of view one should also declare the kinetic theory of gases to be unsatisfactory since nobody has yet proved that the atomistic hypothesis is the only which explains irreversibility. A similar objection could with more or less justice be raised against all inductively obtained theories.

Loschmidt's number L, that is, the number of gas molecules in 1 cm^3 at 0° C and 1 atm is

$$L = \frac{1\ 013\ 200}{R \cdot 273 \cdot \omega} = 2.76 \times 10^{19}.$$

Mr. Drude [9] finds $L = 2.1 \times 10^{19}$.

The Boltzmann-Drude constant α, that is, the average kinetic energy of an atom at the absolute temperature 1 is

$$\alpha = \frac{3}{2}\,\omega R = \frac{3}{2}\,k = 2.02 \times 10^{-16}.$$

Mr. Drude [9] finds $\alpha = 2.65 \times 10^{-16}$.

The elementary quantum of electricity e, that is, the electrical charge of a positive monovalent ion or of an electron is, if ε is the known charge of a monovalent mole,

$$e = \varepsilon\omega = 4.69 \times 10^{-10}\text{c.s.u.}$$

Mr. F. Richarz [10] finds 1.29×10^{-10} and Mr. Thomson [11] recently 6.5×10^{-10}.

If the theory is at all correct, all these relations should be not approximately, but absolutely, valid. The accuracy of the calculated number is thus essentially the same as that of the relatively worst known, the radiation constant k, and is thus much better than all determinations up to now. To test it by more direct methods should be both an important and a necessary task for further research.

References

[1] M. Planck, Verh. D. Physik. Ges. Berlin 2, 202 (1900) (reprintedas Paper 1 on p. 79 in the present volume).

[2] H. Rubens and F. Kurlbaum, S.B. Preuss. Akad. Wiss. p. 929 (1900);

[3] L. Boltzmann, S.B. Akad. Wess. Wien 76, 373 (1877);

[4] F. Kurlbaum, Ann. Physik 65, 759 (1898);

[5] O. Lummer and E. Pringsheim, Verh. D. Physik. Ges. Berlin 2, 176 (1900);

[6] M. Planck, Ann. Physik 1, 73 (1900);

[7] L. Boltzmann, S.B. Akad. Wiss. Wien 76, 428 (1877);

[8] O.E. Mayer, Die Kinetische Theotie der Gase, 2nd ed., p. 337 (1899);

[9] P. Drude, Ann. Physik 1, 578 (1900);

[10] F. Richarz, Ann. Physik 52, 397 (1894);

[11] J.J. Thomson, Phil. Mag. 46, 528 (1898).

논문 웹페이지

On the Law of the Energy Distribution in the Normal Spectrum

M. Planck

(Received January 7, 1901)
In other form reported in the German Physical Society (Deutsche Physikalische Gesellschaft) in the meetings of October 19 and December 14, 1900, published in Verh. Dtsch. Phys. Ges. Berlin, 1900, **2,** 202 and 237

Ann. Phys., **4**, 553 **1901**

— — ◇◇◇ — —

Translated from German by Kuyanov Yu. V. [kuyanov@mx.ihep.su]

— — ◇◇◇ — —

Preface

The recent spectral measurements of O. Lummer and E. Pringsheim[1] and even more striking those of H. Rubens and F. Kurlbaum[2], both confirming more recent results obtained by H. Beckmann[3], would discover that the law of the energy distribution in the normal spectrum first stated by W. Wien from the molecular-kinetic consideration and later by me from the theory of electromagnetic radiation is not universally correct.

In any case an improvement on the theory is needed and I shall further try to carry through basing on the theory of electromagnetic radiation developed by me. First of all there is necessary for it to find an alterable link in the chain of reasons resulting in the Wien's energy distribution law. So one handles to remove this link from the chain and create a suitable substitute.

The fact that the physical ground of the electromagnetic radiation theory including the hypothesis of the "natural radiation", resists destructive criticism, is shown in my recent work[4]; and since the calculations are known to be error free, so the statement remains to be held that the energy distribution law of the normal spectrum is totally defined if one succeeds in calculation of

[1]O. Lummer, E. Pringsheim. Verhandl. Deutsch. Phys. Ges., 1900, **2**, 163.
[2]H. Rubens, F. Kurlbaum. Sitzungsber. Akad. Wiss. Berlin, 1900, 929.
[3]H. Beckmann. Inaug-Dissert. Tübingen, 1898, see also: H. Rubens. Wied. Ann., 1899, **69**, 582.
[4]M. Planck. Ann. Phys., 1900, **1**, 719.

entropy S of irradiated monochromatic vibrating resonator as a function of its vibrational energy. So then from the relation $dS/dU = 1/\vartheta$ one keeps the temperature ϑ dependence on energy U, and since the energy U, on the other hand, is simply related[5] with a radiation density of appropriate number of vibrations, so the temperature dependence on this radiation density is also obtained. So the normal distribution of energy is one for which the radiation densities of any different numbers of vibrations have the same temperature.

Thus the total problem is self reduced to that of definition S as a function of U, and the essential part of the following research is devoted to the solution of this problem. In the first my work on this problem I have entered S directly by defining with no further substantiation, as the simple function of U, and have limited by showing that such form for the entropy satisfies to all requirements of the thermodynamics. Then I considered that it is alone possible and therefore the Wien's law, from it flowing out, necessarily is the universal one. In later, more particular research[6] it seemed to me, however, that it should be expressions, doing the same, and that in any case therefore one more condition is needed for anyone being able to calculate S uniquely. It seemed to me that I have found one such condition in the form of statement, immediately then considered by me as plausible, that by the infinitesimal irreversible alteration of the near thermal equilibrium being system of N uniform, just in stationary radiation field placed resonators, the bound up with it alteration of the total entropy $S_N = NS$ depends only on their total energy $U_N = NU$ and their alteration but not on the energy U of particular resonators. This statement leads again with necessity to the Wien's energy distribution law. But now however the later is not confirmed by experience, so the conclusion is forced that this statement in its universality also cannot be right and so from the theory is to be removed[7].

Therefore yet another condition should be entered which enables the calculation of S, and for its realization the more detailed consideration of the entropy concept is needed. The direction of these deliberate thoughts is indicated by the consideration of the fragility of early made supposition. The path is below described, in which the new simple expression for entropy as well as the new formula for radiation are self found, both contradicting no fact established till now.

[5] See below equation (8)

[6] M. Planck. Ann. Phys., 1900, **1**, 730.

[7] One compares besides the criticism, to which this statement is exposed yet: W. Wien. Rapport für den Pariser Congress, 1900, **2**, 40; O. Lummer. Loc. cit., p. 92.

I. The calculation of entropy of any resonator as a function of its energy

§ 1

An entropy is conditioned by disorder, and this disorder in accordance with electro-magnetic theory of radiation is based on monochromatic vibrations of any resonator if although it remains in a stable stationary field of radiation, on non-regularity by which it permanently changes its amplitude and its phase, since one clocks time intervals which are long compared with a time of vibration, but short compared with a measurement time. If the amplitude and the phase both are absolutely constant as well as vibrations are quite homogeneous, no entropy could exist and the vibrational energy should be quite free convertible into the work. A constant energy U of alone stationary vibrating resonator is therefore as an average by time to be perceived or what turns to quite the same result, as a simultaneous average of energies of large number N of uniform resonators, just into stationary radiation field placed, sufficiently removed from one another to have no affect to each other directly. In this sense in future we will speak about an average energy U of a separate resonator. Then a total energy

$$U_N = NU \tag{1}$$

of such system of N resonators is corresponded to certain total entropy

$$S_N = NS \tag{2}$$

of the same system where an average entropy of any separate resonator is represented by S, and this entropy S_N is based on a disorder with which the total energy U_N is distributed among particular resonators.

§ 2

Now we suppose an entropy S_N of a system with an arbitrary remaining additive constant to be proportional to logarithm of the probability W with which N resonators altogether possess an energy U_N; therefore:

$$S_N = k \ln W + const. \tag{3}$$

In my opinion this supposition originates from the base of the definition of the probability W mentioned whereas in the premise, put on the ground of the electromagnetic theory of radiation, we have not any support, enabling to speak about such probability in a definite sense. For the expedience of so aimed supposition its simplicity as well as its neighbourhood with that of the kinetic theory of gases are standing for [8].

§ 3

Now it is worth reminding to find the probability W of N resonators alltogether having a vibrational energy U_N. It is necessary for it to imagine U_N not as a continuous unlimited divided value, but as a discrete one, composed of integer number of finite equal parts. If we give a name energy element ε to such part, so one can suppose that

$$U_N = P \cdot \varepsilon, \tag{4}$$

where P is an integer, in general, large number, whereas the value for ε is till to be defined.

Now it is clear that the distribution P of energy elements among N resonators can happen by some limited quite definite number of manners. We give a name "complexion" to every such manner of distribution following L. Boltzmann who had used this name for an expression with a similar idea. Having numbered resonators by 1, 2, 3, ..., N, one writes them in a row each to another and under each resonator places a number of energy elements fallen to it in some arbitrary distribution, so for each complexion one obtains a symbol of the following form:

1	2	3	4	5	6	7	8	9	10
7	38	11	0	9	2	20	4	4	5

Here $N = 10$, $P = 100$ are considered. The number $\Re$ of all possible complexions is obviously equal to one of all possible digital images which can be obtained in this manner for the lower row with definite N and P. For intelligibility it should be mentioned that two complexions are considered as different if corresponding digital images have the same numbers but in a different order.

[8] L. Boltzmann. Sitzungsber d. k. Akad. d. Wissensch. zu Wien (I), 1877, **76**, 428.

Following combinatory, the number of all possible complexions is

$$\Re = \frac{N \cdot (N+1) \cdot (N+2) \ldots (N+P-1)}{1 \cdot 2 \cdot 3 \ldots P} = \frac{(N+P-1)!}{(N-1)!\, P!}.$$

Here is in a first approximation according to Stirling offer:

$$N! = N^N;$$

therefore in appropriate approximation

$$\Re = \frac{(N+P)^{N+P}}{N^N \cdot P^P}.$$

§ 4

The hypothesis, we now wish to put into the base of further calculation, is as follows: the probability of that N resonators altogether possess vibrational energy U_N is proportional to the number $\Re$ of all possible complexions with energy U_N distributed among N resonators, or by other words: each certain complexion is as probable as either another one. It should in last line only by experience be proved whether this hypothesis virtually hit into nature. Instead however an opposite one should be possible: once an experience should judge in its favor, the validity of hypothesis will result in the further conclusions on the special nature of resonator's vibrations, namely on the character of meanwhile appearing "indifferent and in their value compared primary game spaces" by expression manner of J. v. Kries[9]. In a modern state of this question a further promotion of this idea should certainly appear as premature.

§ 5

According to hypothesis introduced in relation with the equation (3), the entropy of considered system of resonators with suitable definition of additive constant is:

$$S_N = k \ln \Re = k \left\{ (N+P) \ln (N+P) - N \ln N - P \ln P \right\}, \qquad (5)$$

[9] Joh. v. Kries. Die Principien der Wahrscheinlichkeitsrechnung. Freiburg, 1886, p. 36.

and accepting (4) and (1):

$$S_N = kN\left\{\left(1+\frac{U}{\varepsilon}\right)\ln\left(1+\frac{U}{\varepsilon}\right)-\frac{U}{\varepsilon}\ln\frac{U}{\varepsilon}\right\}.$$

Therefore according to (2), entropy S of a resonator as a function of its energy U is:

$$S = k\left\{\left(1+\frac{U}{\varepsilon}\right)\ln\left(1+\frac{U}{\varepsilon}\right)-\frac{U}{\varepsilon}\ln\frac{U}{\varepsilon}\right\}. \tag{6}$$

II. The deduction of the Wien's displacement law

§ 6

Following a Kirchhoff's law of proportionality of both emission- and absorbability, discovered by W. Wien [10] and called by his name so-called the displacement law, including, as a particular case, the law of Stefan–Boltzmann of full emittance dependence on temperature, builds the most valuable constituent in the well grounded foundation of the theory of heat radiation. In a fashion, given by M. Thiesen [11], it announces:

$$E \cdot d\lambda = \vartheta^5\ \psi(\lambda\vartheta)\cdot d\lambda,$$

where λ is a wavelength, $Ed\lambda$ is a volume density of a spectral slice between λ and $\lambda + d\lambda$ belonging to "black" radiation[12], ϑ is a temperature and $\psi(x)$ is a known function of a single argument x.

§ 7

Now we are coming to investigate what Wien's displacement law says about our resonator's entropy S dependence on its energy and its own period, that is in those general case that resonator itself is in an arbitrary

[10] W. Wien. Sitzungsber. Acad. Wissensch. Berlin, 1893, 55.

[11] M. Thiesen. Verhandl. Deutsch. Phys. Ges., 1900, 2, 66.

[12] One should perhaps more conveniently speak about "white" radiation, whose proper generalization is now understood as a "quite white light".

diathermal medium. For this aim first of all let us generalize the Thiesen's form of the law on the radiation in an arbitrary diathermal medium with the velocity of light propagation c. Since we have to consider not a total radiation but monochromatic one, so when comparing different diathermal media, the number of vibrations ν should necessarily be introduced instead of wavelength λ.

Thus the volume density of a spectral slice between ν and $\nu + d\nu$, belonging to energy of radiation, is to be denoted as $\mathbf{u}d\nu$, so one should write: $\mathbf{u}d\nu$ instead of $Ed\nu$, c/ν instead of λ and $cd\nu/\nu^2$ instead of $d\lambda$. This results in:

$$\mathbf{u} = \vartheta^5 \cdot \frac{c}{\nu^2} \cdot \psi\left(\frac{c\vartheta}{\nu}\right).$$

Now according to known Kirchhoff-Clausius's law, the energy, emitted by black surface in a time unit into a diathermal medium, for defined temperature ϑ and defined number of vibrations ν is reverse proportional to the square of the velocity of propagation c^2; thus the volume energy density $\mathbf{u}$ is reverse proportional to c^3, and we obtain:

$$\mathbf{u} = \frac{\vartheta^5}{\nu^2 c^3}\, f\left(\frac{\vartheta}{\nu}\right),$$

where constants of the function f do not depend on c.

Instead of it we could also write when f every time, as in following, means a new function of a single argument:

$$\mathbf{u} = \frac{\nu^3}{c^3}\, f\left(\frac{\vartheta}{\nu}\right) \tag{7}$$

and by the way see that in a cube of a wavelength size a contained radiation energy with a certain temperature as well as a number of vibrations is known to be: $\mathbf{u}\lambda^3$, the same for all diathermal media.

§ 8

In order to pass from the volume density of radiation $\mathbf{u}$ to the energy U of the resonator being in the radiation field and stationary vibrating with the same number of vibrations ν, we shall use the relation, published in equation (34) of my work on non-reversible processes of radiation[13]:

$$\mathfrak{R} = \frac{\nu^2}{c^2} \cdot U$$

[13]M. Planck. Ann. Phys., 1900, **1**, 99.

($\mathfrak{R}$ is the intensity of monochromatic line-polarized beam), which together with the known equation

$$\mathbf{u} = \frac{8\pi\mathfrak{R}}{c}$$

yields the relation:

$$\mathbf{u} = \frac{8\pi\nu^2}{c^3}\, U. \tag{8}$$

From here and (7) it follows:

$$U = \nu f\left(\frac{\vartheta}{\nu}\right),$$

where now c is not at all present. Instead of it we should also write:

$$\vartheta = \nu f\left(\frac{U}{\nu}\right).$$

§ 9

Finally introducing yet more the entropy of resonator S, we assign:

$$\frac{1}{\vartheta} = \frac{dS}{dU}. \tag{9}$$

Then it turns out:

$$\frac{dS}{dU} = \frac{1}{\nu}\, f\left(\frac{U}{\nu}\right)$$

and integrating, one obtains:

$$S = f\left(\frac{U}{\nu}\right), \tag{10}$$

i.e. the entropy of resonator, vibrating in an arbitrary diathermal medium, depends only on the single variable U/ν and besides keeps only the universal constants. This, as I know, is the simplest representation of the Wien's displacement law.

§ 10

Applying the Wien's displacement law in its latter representation to the expression (6) for the entropy S, one can realize that the energy element ε should be proportional to the number of vibrations ν, so:

$$\varepsilon = h \cdot \nu$$

and therefore:

$$S = k\left\{\left(1+\frac{U}{h\nu}\right)\ln\left(1+\frac{U}{h\nu}\right)-\frac{U}{h\nu}\ln\frac{U}{h\nu}\right\}.$$

Here h and k are the universal constants.

By substitution into (9) one obtains:

$$\frac{1}{\vartheta} = \frac{k}{h\nu}\ln\left(1+\frac{h\nu}{U}\right), \tag{11}$$

$$U = \frac{h\nu}{e^{\frac{h\nu}{k\vartheta}}-1}$$

and the energy distribution law searched then follows from (8):

$$\mathbf{u} = \frac{8\pi h\nu^3}{c^3}\cdot\frac{1}{e^{\frac{h\nu}{k\vartheta}}-1}, \tag{12}$$

or also if one with in § 7 shown substitutions instead of the number of vibrations ν introduces again the wavelength λ, that is:

$$E = \frac{8\pi ch}{\lambda^5}\cdot\frac{1}{e^{\frac{ch}{k\lambda\vartheta}}-1}. \tag{13}$$

I suppose to show in the other place the expression for the intensity and one for the entropy of the in diathermal medium propagating radiation as well as the law of the increase of the total entropy in unstationary radiating process.

III. The numeral values

§ 11

The values of both natural constants h and k may be calculated well precisely with a help of measurements available. F. Kurlbaum[14] has found that if one designates by S_t the total energy, radiating into an air in 1 sec from the 1 cm^2 surface of the black body exposed with $t°$, then it is:

$$S_{100} - S_0 = 0.0731 \, \frac{Watt}{cm^2} = 7.31 \cdot 10^5 \, \frac{erg}{cm^2 \cdot sec}.$$

From here the volume density of the total radiation energy in the air for the absolute temperature of 1 turns out:

$$\frac{4 \cdot 7.31 \cdot 10^5}{3 \cdot 10^{10} \cdot (373^4 - 273^4)} = 7.061 \cdot 10^{-15} \, \frac{erg}{cm^2 \cdot grad^4}.$$

From the other hand, according to (12), the volume density of the total radiation energy for $\vartheta = 1$ is as follows:

$$u = \int_0^\infty \mathbf{u} d\nu = \frac{8\pi h}{c^3} \int_0^\infty \frac{\nu^3 d\nu}{e^{\frac{h\nu}{k}} - 1}$$

$$= \frac{8\pi h}{c^3} \int_0^\infty \nu^3 \left(e^{-\frac{h\nu}{k}} + e^{-\frac{2h\nu}{k}} + e^{-\frac{3h\nu}{k}} + \dots \right) d\nu$$

and by all terms integration it yields:

$$u = \frac{8\pi h}{c^3} \cdot 6 \left(\frac{k}{h} \right)^4 \left(1 + \frac{1}{2^4} + \frac{1}{3^4} + \frac{1}{4^4} + \dots \right) = \frac{48\pi k^4}{c^3 h^3} \cdot 1.0823.$$

Assuming it to be equal to $7.061 \cdot 10^{-15}$, one obtains, since $c = 3 \cdot 10^{10}$,

$$\frac{k^4}{h^3} = 1.1682 \cdot 10^{15}. \qquad (14)$$

[14]F. Kurlbaum. Wied. Ann., 1898, **65**, 759.

§ 12

O. Lummer and E. Pringsheim[15] have determined the product $\lambda_m\vartheta$, where λ_m is the wavelength of the maximum of E in the air for the temperature ϑ, having value up to 2940 μ·grad.

So in absolute units that is

$$\lambda_m\vartheta = 0.294 \text{ cm} \cdot \text{grad}.$$

From the other hand, if one assumes the partial derivative of E in respect to λ to be equal to zero, so that $\lambda = \lambda_m$, then it follows from (13):

$$\left(1 - \frac{ch}{5k\lambda_m\vartheta}\right) \cdot e^{\frac{ch}{k\lambda_m\vartheta}} = 1$$

and from this transcendental equation one obtains:

$$\lambda_m\vartheta = \frac{ch}{4.9651 \cdot k}.$$

Therefore:

$$\frac{h}{k} = \frac{4.9651 \cdot 0.294}{3 \cdot 10^{10}} = 4.866 \cdot 10^{-11}.$$

From here and from (14) the values for the universal constants turn out:

$$h = 6.55 \cdot 10^{-27} \text{ erg} \cdot \text{sec}, \tag{15}$$

$$k = 1.346 \cdot 10^{-16} \text{ erg/grad}. \tag{16}$$

These are just the same values that I have presented in my recent communication.

논문 웹페이지

[15]O. Lummer, E. Pringsheim. Verhandl. Deutsch. Phys. Ges., 1900, **2**, 176.

THE

PHYSICAL REVIEW

A QUANTUM THEORY OF THE SCATTERING OF X-RAYS BY LIGHT ELEMENTS

By Arthur H. Compton

May, 1923

Abstract

A quantum theory of the scattering of X-rays and γ-rays by light elements.—The hypothesis is suggested that when an X-ray quantum is scattered it spends all of its energy and momentum upon some particular electron. This electron in turn scatters the ray in some definite direction. The change in momentum of the X-ray quantum due to the change in its direction of propagation results in a recoil of the scattering electron. The energy in the scattered quantum is thus less than the energy in the primary quantum by the kinetic energy of recoil of the scattering electron. The corresponding *increase in the wave-length of the scattered beam* is $\lambda_\theta - \lambda_0 = (2h/mc)\sin^2\frac{1}{2}\theta = 0.0484\sin^2\frac{1}{2}\theta$, where h is the Planck constant, m is the mass of the scattering electron, c is the velocity of light, and θ is the angle between the incident and the scattered ray. Hence the increase is independent of the wave-length. *The distribution of the scattered radiation* is found, by an indirect and not quite rigid method, to be concentrated in the forward direction according to a definite law (Eq. 27). The total energy removed from the primary beam comes out less than that given by the classical Thomson theory in the ratio $1/(1 + 2\alpha)$, where $\alpha = h/mc\lambda_0 = 0.0242/\lambda_0$. Of this energy a fraction $(1 + \alpha)/(1 + 2\alpha)$ reappears as scattered radiation, while the remainder is truly absorbed and transformed into kinetic energy of recoil of the scattering electrons. Hence, if σ_0 is the *scattering absorption coefficient* according to the classical theory, the coefficient according to this theory is $\sigma = \sigma_0/(1 + 2\alpha) = \sigma_s + \sigma_a$, where σ_s is the true scattering coefficient $[(1 + \alpha)\sigma/(1 + 2\alpha)^2]$, and σ_a is the coefficient of absorption due to scattering $[\alpha\sigma/(1 + 2\alpha)^2]$. Unpublished experimental results are given which show that for graphite and the Mo–K radiation the scattered radiation is longer than the primary, the observed difference ($\lambda_{\pi/2} - \lambda_0 = .022$) being close to the computed value .024. In the case of scattered γ-rays, the wave-length has been found to vary with θ in agreement with the theory, increasing from .022 A (primary) to .068 A ($\theta = 135°$). Also the velocity of secondary β-rays excited in light elements by γ-rays agrees with the suggestion that they are recoil electrons. As for the predicted variation of absorption with λ, Hewlett's results for carbon for wave-lengths below 0.5 A are in excellent agreement with this theory; also the predicted concentration in the forward direction is shown to be in agreement with the experimental results, both for X-rays and γ-rays. This remarkable *agreement between experiment and theory* indicates clearly that scattering is a quantum phenomenon and can be explained without introducing any new hypothesis as to the size of the electron or any new constants; also that a radiation quantum carries with it momentum as well as energy. The restriction to light elements is due to the assumption that the constraining forces acting on the scattering electrons are negligible, which is probably legitimate only for the lighter elements.

Spectrum of K-rays from Mo scattered by graphite, as compared with the spectrum of the primary rays, is given in Fig. 4, showing the change of wave-length.

Radiation from a moving isotropic radiator.—It is found that in a direction θ with the velocity, $I_\theta/I' = (1 - \beta)^2/(1 - \beta \cos\theta)^4 = (\nu_\theta/\nu')^4$. For the total radiation from a black body in motion to an observer at rest, $I/I' = (T/T')^4 = (\nu_m/\nu_m')^4$, where the primed quantities refer to the body at rest.

J. J. Thomson's classical theory of the scattering of X-rays, though supported by the early experiments of Barkla and others, has been found incapable of explaining many of the more recent experiments. This theory, based upon the usual electrodynamics, leads to the result that the energy scattered by an electron traversed by an X-ray beam of unit intensity is the same whatever may be the wave-length of the incident rays. Moreover, when the X-rays traverse a thin layer of matter, the intensity of the scattered radiation on the two sides of the layer should be the same. Experiments on the scattering of X-rays by light elements have shown that these predictions are correct when X-rays of moderate hardness are employed; but when very hard X-rays or γ-rays are employed, the scattered energy is found to be decidedly less than Thomson's theoretical value, and to be strongly concentrated on the emergent side of the scattering plate.

Several years ago the writer suggested that this reduced scattering of the very short wave-length X-rays might be the result of interference between the rays scattered by different parts of the electron, if the electron's diameter is comparable with the wave-length of the radiation. By assuming the proper radius for the electron, this hypothesis supplied a quantitative explanation of the scattering for any particular wave-length. But recent experiments have shown that the size of the electron which must thus be assumed increases with the wave-length of the X-rays employed,[1] and the conception of an electron whose size varies with the wave-length of the incident rays is difficult to defend.

Recently an even more serious difficulty with the classical theory of X-ray scattering has appeared. It has long been known that secondary γ-rays are softer than the primary rays which excite them, and recent experiments have shown that this is also true of X-rays. By a spectroscopic examination of the secondary X-rays from graphite, I have, indeed,

[1] A. H. Compton, Bull. Nat. Research Council, No. 20, p. 10 (Oct., 1922).

been able to show that only a small part, if any, of the secondary X-radiation is of the same wave-length as the primary.[1] While the energy of the secondary X-radiation is so nearly equal to that calculated from Thomson's classical theory that it is difficult to attribute it to anything other than true scattering,[2] these results show that if there is any scattering comparable in magnitude with that predicted by Thomson, it is of a greater wave-length than the primary X-rays.

Such a change in wave-length is directly counter to Thomson's theory of scattering, for this demands that the scattering electrons, radiating as they do because of their forced vibrations when traversed by a primary X-ray, shall give rise to radiation of exactly the same frequency as that of the radiation falling upon them. Nor does any modification of the theory such as the hypothesis of a large electron suggest a way out of the difficulty. This failure makes it appear improbable that a satisfactory explanation of the scattering of X-rays can be reached on the basis of the classical electrodynamics.

The Quantum Hypothesis of Scattering

According to the classical theory, each X-ray affects every electron in the matter traversed, and the scattering observed is that due to the combined effects of all the electrons. From the point of view of the quantum theory, we may suppose that any particular quantum of X-rays is not scattered by all the electrons in the radiator, but spends all of its energy upon some particular electron. This electron will in turn scatter the ray in some definite direction, at an angle with the incident beam. This bending of the path of the quantum of radiation results in a change in its momentum. As a consequence, the scattering electron will recoil with a momentum equal to the change in momentum of the X-ray. The energy in the scattered ray will be equal to that in the incident ray minus the kinetic energy of the recoil of the scattering electron; and since the scattered ray must be a complete quantum, the frequency will be reduced in the same ratio as is the energy. Thus on the quantum theory we should expect the wave-length of the scattered X-rays to be greater than that of the incident rays.

The effect of the momentum of the X-ray quantum is to set the

[1] In previous papers (Phil. Mag. **41**, 749, 1921; Phys. Rev. **18**, 96, 1921) I have defended the view that the softening of the secondary X-radiation was due to a considerable admixture of a form of fluorescent radiation. Gray (Phil. Mag. **26**, 611, 1913; Frank. Inst. Journ., Nov., 1920, p. 643) and Florance (Phil. Mag. **27**, 225, 1914) have considered that the evidence favored true scattering, and that the softening is in some way an accompaniment of the scattering process. The considerations brought forward in the present paper indicate that the latter view is the correct one.

[2] A. H. Compton, loc. cit., p. 16.

scattering electron in motion at an angle of less than 90° with the primary beam. But it is well known that the energy radiated by a moving body is greater in the direction of its motion. We should therefore expect, as is experimentally observed, that the intensity of the scattered radiation should be greater in the general direction of the primary X-rays than in the reverse direction.

The change in wave-length due to scattering.—Imagine, as in Fig. 1*A*,

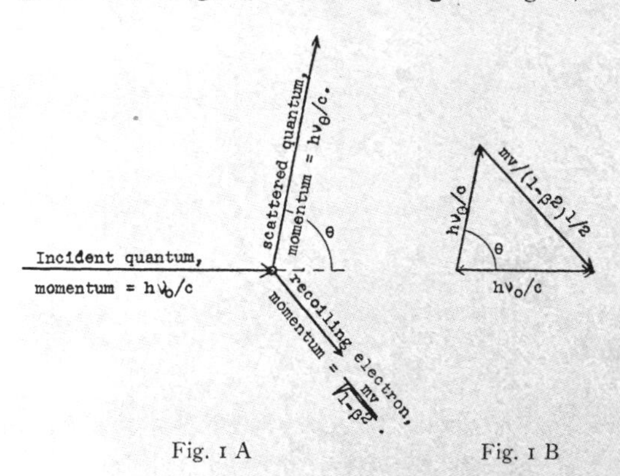

Fig. 1 A　　　　Fig. 1 B

that an X-ray quantum of frequency ν_0 is scattered by an electron of mass m. The momentum of the incident ray will be $h\nu_0/c$, where c is the velocity of light and h is Planck's constant, and that of the scattered ray is $h\nu_\theta/c$ at an angle θ with the initial momentum. The principle of the conservation of momentum accordingly demands that the momentum of recoil of the scattering electron shall equal the vector difference between the momenta of these two rays, as in Fig. 1*B*. The momentum of the electron, $m\beta c/\sqrt{1-\beta^2}$, is thus given by the relation

$$\left(\frac{m\beta c}{\sqrt{1-\beta^2}}\right)^2 = \left(\frac{h\nu_0}{c}\right)^2 + \left(\frac{h\nu_\theta}{c}\right)^2 + 2\frac{h\nu_0}{c}\cdot\frac{h\nu_\theta}{c}\cos\theta, \tag{1}$$

where β is the ratio of the velocity of recoil of the electron to the velocity of light. But the energy $h\nu_\theta$ in the scattered quantum is equal to that of the incident quantum $h\nu_0$ less the kinetic energy of recoil of the scattering electron, *i.e.*,

$$h\nu_\theta = h\nu_0 - mc^2\left(\frac{1}{\sqrt{1-\beta^2}} - 1\right). \tag{2}$$

We thus have two independent equations containing the two unknown quantities β and ν_θ. On solving the equations we find

$$\nu_\theta = \nu_0/(1 + 2\alpha\sin^2\tfrac{1}{2}\theta), \tag{3}$$

where

$$\alpha = h\nu_0/mc^2 = h/mc\lambda_0. \tag{4}$$

Or in terms of wave-length instead of frequency,

$$\lambda_\theta = \lambda_0 + (2h/mc)\sin^2\tfrac{1}{2}\theta. \tag{5}$$

It follows from Eq. (2) that $1/(1-\beta^2) = \{1 + \alpha[1 - (\nu_\theta/\nu_0)]\}^2$, or solving explicitly for β

$$\beta = 2\alpha\sin\tfrac{1}{2}\theta\,\frac{\sqrt{1+(2\alpha+\alpha^2)\sin^2\frac{1}{2}\theta}}{1+2(\alpha+\alpha^2)\sin^2\frac{1}{2}\theta}. \tag{6}$$

Eq. (5) indicates an increase in wave-length due to the scattering process which varies from a few per cent in the case of ordinary X-rays to more than 200 per cent in the case of γ-rays scattered backward. At the same time the velocity of the recoil of the scattering electron, as calculated from Eq. (6), varies from zero when the ray is scattered directly forward to about 80 per cent of the speed of light when a γ-ray is scattered at a large angle.

It is of interest to notice that according to the classical theory, if an X-ray were scattered by an electron moving in the direction of propagation at a velocity $\beta'c$, the frequency of the ray scattered at an angle θ is given by the Doppler principle as

$$\nu_\theta = \nu_0\Big/\left(1 + \frac{2\beta'}{1-\beta'}\sin^2\tfrac{1}{2}\theta\right). \tag{7}$$

It will be seen that this is of exactly the same form as Eq. (3), derived on the hypothesis of the recoil of the scattering electron. Indeed, if $\alpha = \beta'/(1-\beta')$ or $\beta' = \alpha/(1+\alpha)$, the two expressions become identical. It is clear, therefore, that so far as the effect on the wave-length is concerned, we may replace the recoiling electron by a scattering electron moving in the direction of the incident beam at a velocity such that

$$\bar{\beta} = \alpha/(1+\alpha). \tag{8}$$

We shall call $\bar{\beta}c$ the "effective velocity" of the scattering electrons.

Energy distribution from a moving, isotropic radiator.—In preparation for the investigation of the spatial distribution of the energy scattered by a recoiling electron, let us study the energy radiated from a moving, isotropic body. If an observer moving with the radiating body draws a sphere about it, the condition of isotropy means that the probability is equal for all directions of emission of each energy quantum. That is, the probability that a quantum will traverse the sphere between the angles θ' and $\theta' + d\theta'$ with the direction of motion is $\frac{1}{2}\sin\theta' d\theta'$. But the surface which the moving observer considers a sphere (Fig. 2*A*) is

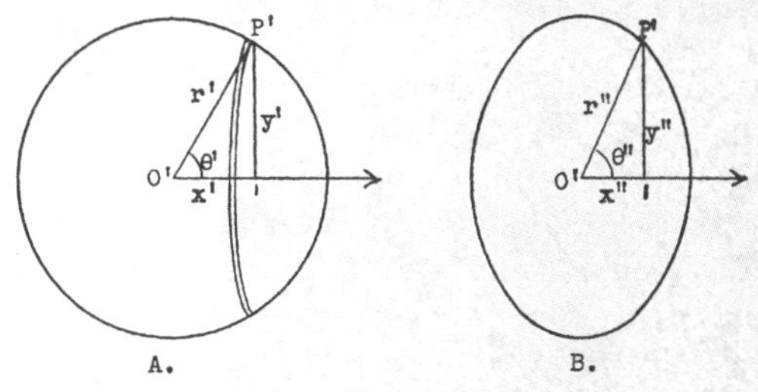

Fig. 2

considered by the stationary observer to be an oblate spheroid whose polar axis is reduced by the factor $\sqrt{1-\beta^2}$. Consequently a quantum of radiation which traverses the sphere at the angle θ', whose tangent is y'/x' (Fig. 2*A*), appears to the stationary observer to traverse the spheroid at an angle θ'' whose tangent is y''/x'' (Fig. 2*B*). Since $x' = x''/\sqrt{1-\beta^2}$ and $y' = y''$, we have

$$\tan\theta' = y'/x' = \sqrt{1-\beta^2}\, y''/x'' = \sqrt{1-\beta^2}\tan\theta'', \tag{9}$$

and

$$\sin\theta' = \frac{\sqrt{1-\beta^2}\tan\theta''}{\sqrt{1+(1-\beta^2)\tan^2\theta''}}. \tag{10}$$

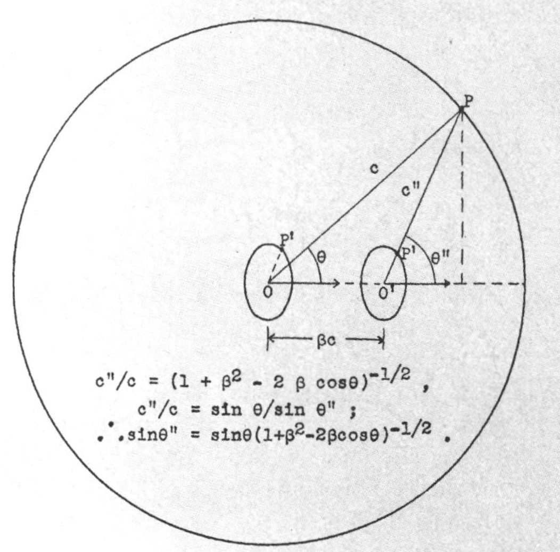

Fig. 3. The ray traversing the moving spheroid at P' at an angle θ'' reaches the stationary spherical surface drawn about O, at the point P, at an angle θ.

Imagine, as in Fig. 3, that a quantum is emitted at the instant $t = 0$, when the radiating body is at O. If it traverses the moving observer's sphere at an angle θ', it traverses the corresponding oblate spheroid, imagined by the stationary observer to be moving with the body, at an angle θ''. After 1 second, the quantum will have reached some point P on a sphere of radius c drawn about O, while the radiator will have moved a distance βc. The stationary observer at P therefore finds that the radiation is coming to him from the point O, at an angle θ with the direction of motion. That is, if the moving observer considers the quantum to be emitted at an angle θ' with the direction of motion, to the stationary observer the angle appears to be θ, where

$$\sin\theta/\sqrt{1+\beta^2-2\beta\cos\theta} = \sin\theta'', \tag{11}$$

and θ'' is given in terms of θ' by Eq. (10). It follows that

$$\sin\theta' = \sin\theta\,\frac{\sqrt{1-\beta^2}}{1-\beta\cos\theta}. \tag{12}$$

On differentiating Eq. (12) we obtain

$$d\theta' = \frac{\sqrt{1-\beta^2}}{1-\beta\cos\theta}\,d\theta. \tag{13}$$

The probability that a given quantum will appear to the stationary observer to be emitted between the angles θ and $\theta + d\theta$ is therefore

$$P_\theta d\theta = P_{\theta'}d\theta' = \tfrac{1}{2}\sin\theta' d\theta',$$

where the values of $\sin\theta'$ and $d\theta'$ are given by Eqs. (12) and (13). Substituting these values we find

$$P_\theta d\theta = \frac{1-\beta^2}{(1-\beta\cos\theta)^2}\cdot\tfrac{1}{2}\sin\theta d\theta. \tag{14}$$

Suppose the moving observer notices that n' quanta are emitted per second. The stationary observer will estimate the rate of emission as

$$n'' = n'\sqrt{1-\beta^2},$$

quanta per second, because of the difference in rate of the moving and stationary clocks. Of these n'' quanta, the number which are emitted between angles θ and $\theta + d\theta$ is $dn'' = n''\cdot P_\theta d\theta$. But if dn'' per second are emitted at the angle θ, the number per second received by a stationary observer at this angle is $dn = dn''/(1 - \beta\cos\theta)$, since the radiator is approaching the observer at a velocity $\beta\cos\theta$. The energy of each quantum is, however, $h\nu_\theta$, where ν_θ is the frequency of the radiation as received by the stationary observer.[1] Thus the intensity, or the energy per unit area per unit time, of the radiation received at an angle θ and a distance R is

$$I_\theta = \frac{h\nu_\theta \cdot dn}{2\pi R^2 \sin\theta d\theta} = \frac{h\nu_\theta}{2\pi R^2 \sin\theta d\theta} \frac{n'(1-\beta^2)^{3/2}}{(1-\beta\cos\theta)^3} \frac{1}{2}\sin\theta d\theta$$
$$= \frac{n'h\nu_\theta}{4\pi R^2} \frac{(1-\beta^2)^{3/2}}{(1-\beta\cos\theta)^3}. \quad (15)$$

If the frequency of the oscillator emitting the radiation is measured by an observer moving with the radiator as ν', the stationary observer judges its frequency to be $\nu'' = \nu'\sqrt{1-\beta^2}$, and, in virtue of the Doppler effect, the frequency of the radiation received at an angle θ is

$$\nu_\theta = \nu''/(1-\beta\cos\theta) = \nu'[\sqrt{1-\beta^2}/(1-\beta\cos\theta)]. \quad (16)$$

Substituting this value of ν_θ in Eq. (15) we find

$$I_\theta = \frac{n'h\nu'}{4\pi R^2} \frac{(1-\beta^2)^2}{(1-\beta\cos\theta)^4}. \quad (17)$$

But the intensity of the radiation observed by the moving observer at a distance R from the source is $I' = n'h\nu'/4\pi R^2$. Thus,

$$I_\theta = I'[(1-\beta)^2/(1-\beta\cos\theta)^4] \quad (18)$$

is the intensity of the radiation received at an angle θ with the direction of motion of an isotropic radiator, which moves with a velocity βc, and which would radiate with intensity I' if it were at rest.[2]

It is interesting to note, on comparing Eqs. (16) and (18), that

$$I_\theta/I' = (\nu_\theta/\nu')^4. \quad (19)$$

[1] At first sight the assumption that the quantum which to the moving observer had energy $h\nu'$ will be $h\nu$ for the stationary observer seems inconsistent with the energy principle. When one considers, however, the work done by the moving body against the back-pressure of the radiation, it is found that the energy principle is satisfied. The conclusion reached by the present method of calculation is in exact accord with that which would be obtained according to Lorenz's equations, by considering the radiation to consist of electromagnetic waves.

[2] G. H. Livens gives for I_θ/I' the value $(1-\beta\cos\theta)^{-2}$ ("The Theory of Electricity," p. 600, 1918). At small velocities this value differs from the one here obtained by the factor $(1-\beta\cos\theta)^{-2}$. The difference is due to Livens' neglect of the concentration of the radiation in the small angles, as expressed by our Eq. (14). Cunningham ("The Principle of Relativity," p. 60, 1914) shows that if a plane wave is emitted by a radiator moving in the direction of propagation with a velocity βc, the intensity I received by a stationary observer is greater than the intensity I' estimated by the moving observer, in the ratio $(1-\beta^2)/(1-\beta)^2$, which is in accord with the value calculated according to the methods here employed.

The change in frequency given in Eq. (16) is that of the usual relativity theory. I have not noticed the publication of any result which is the equivalent of my formula (18) for the intensity of the radiation from a moving body.

This result may be obtained very simply for the total radiation from a black body, which is a special case of an isotropic radiator. For, suppose such a radiator is moving so that the frequency of maximum intensity which to a moving observer is ν_m' appears to the stationary observer to be ν_m. Then according to Wien's law, the apparent temperature T, as estimated by the stationary observer, is greater than the temperature T' for the moving observer by the ratio $T/T' = \nu_m/\nu_m'$. According to Stefan's law, however, the intensity of the total radiation from a black body is proportional to T^4; hence, if I and I' are the intensities of the radiation as measured by the stationary and the moving observers respectively,

$$I/I' = (T/T')^4 = (\nu_m/\nu_m')^4. \tag{20}$$

The agreement of this result with Eq. (19) may be taken as confirming the correctness of the latter expression.

The intensity of scattering from recoiling electrons.—We have seen that the change in frequency of the radiation scattered by the recoiling electrons is the same as if the radiation were scattered by electrons moving in the direction of propagation with an effective velocity $\bar{\beta} = \alpha/(1 + \alpha)$, where $\alpha = h/mc\lambda_0$. It seems obvious that since these two methods of calculation result in the same change in wave-length, they must also result in the same change in intensity of the scattered beam. This assumption is supported by the fact that we find, as in Eq. 19, that the change in intensity is in certain special cases a function only of the change in frequency. I have not, however, succeeded in showing rigidly that if two methods of scattering result in the same relative wave-lengths at different angles, they will also result in the same relative intensity at different angles. Nevertheless, we shall assume that this proposition is true, and shall proceed to calculate the relative intensity of the scattered beam at different angles on the hypothesis that the scattering electrons are moving in the direction of the primary beam with a velocity $\bar{\beta} = \alpha/(1 + \alpha)$. If our assumption is correct, the results of the calculation will apply also to the scattering by recoiling electrons.

To an observer moving with the scattering electron, the intensity of the scattering at an angle θ', according to the usual electrodynamics, should be proportional to $(1 + \cos^2 \theta')$, if the primary beam is unpolarized. On the quantum theory, this means that the probability that a quantum will be emitted between the angles θ' and $\theta' + d\theta'$ is proportional to $(1 + \cos^2 \theta') \cdot \sin \theta' d\theta'$, since $2\pi \sin \theta' d\theta'$ is the solid angle included between θ' and $\theta' + d\theta'$. This may be written $P_{\theta'} d\theta' = k(1 + \cos^2 \theta') \sin \theta' d\theta'$.

33

The factor of proportionality k may be determined by performing the integration

$$\int_0^\pi P_{\theta'}d\theta' = k\int_0^\pi (1 + \cos^2\theta')\sin\theta' d\theta' = 1,$$

with the result that $k = 3/8$. Thus

$$P_{\theta'}d\theta' = (3/8)(1 + \cos^2\theta')\sin\theta' d\theta' \tag{21}$$

is the probability that a quantum will be emitted at the angle θ' as measured by an observer moving with the scattering electron.

To the stationary observer, however, the quantum ejected at an angle θ' appears to move at an angle θ with the direction of the primary beam, where $\sin\theta'$ and $d\theta'$ are as given in Eqs. (12) and (13). Substituting these values in Eq. (21), we find for the probability that a given quantum will be scattered between the angles θ and $\theta + d\theta$,

$$P_\theta d\theta = \tfrac{3}{8}\sin\theta d\theta \frac{(1-\beta^2)\{(1+\beta^2)(1+\cos^2\theta) - 4\beta\cos\theta\}}{(1-\beta\cos\theta)^4}. \tag{22}$$

Suppose the stationary observer notices that n quanta are scattered per second. In the case of the radiator emitting n'' quanta per second while approaching the observer, the n''th quantum was emitted when the radiator was nearer the observer, so that the interval between the receipt of the 1st and the n''th quantum was less than a second. That is, more quanta were received per second than were emitted in the same time. In the case of scattering, however, though we suppose that each scattering electron is moving forward, the nth quantum is scattered by an electron starting from the same position as the 1st quantum. Thus the number of quanta received per second is also n.

We have seen (Eq. 3) that the frequency of the quantum received at an angle θ is $\nu_\theta = \nu_0/(1 + 2\alpha\sin^2\frac{1}{2}\theta) = \nu_0/\{1 + \alpha(1-\cos\theta)\}$, where ν_0, the frequency of the incident beam, is also the frequency of the ray scattered in the direction of the incident beam. The energy scattered per second at the angle θ is thus $nh\nu_\theta P_\theta d\theta$, and the intensity, or energy per second per unit area, of the ray scattered to a distance R is

$$\begin{aligned} I_\theta &= \frac{nh\nu_\theta P_\theta d\theta}{2\pi R^2\sin\theta d\theta} \\ &= \frac{nh}{2\pi R^2}\cdot\frac{\nu_0}{1+\alpha(1-\cos\theta)}\cdot\frac{3}{8}\cdot\frac{(1-\beta^2)\{(1+\beta^2)(1+\cos^2\theta)-4\beta\cos\theta\}}{(1-\beta\cos\theta)^4}. \end{aligned}$$

Substituting for β its value $\alpha/(1+\alpha)$, and reducing, this becomes

$$I = \frac{3nh\nu_0}{16\pi R}\frac{(1+2\alpha)\{1+\cos^2\theta + 2\alpha(1+\alpha)(1-\cos\theta)^2\}}{(1+\alpha-\alpha\cos\theta)^5}. \tag{23}$$

In the forward direction, where $\theta = 0$, the intensity of the scattered beam is thus

$$I_0 = \frac{3}{8\pi}\frac{nh\nu_0}{R^2}(1 + 2\alpha). \tag{24}$$

Hence

$$\frac{I_\theta}{I_0} = \frac{1}{2}\frac{1 + \cos^2\theta + 2\alpha(1 + \alpha)(1 - \cos\theta)^2}{\{1 + \alpha(1 - \cos\theta)\}^5} \tag{25}$$

On the hypothesis of recoiling electrons, however, for a ray scattered directly forward, the velocity of recoil is zero (Eq. 6). Since in this case the scattering electron is at rest, the intensity of the scattered beam should be that calculated on the basis of the classical theory, namely,

$$I_0 = I(Ne^4/R^2m^2c^4), \tag{26}$$

where I is the intensity of the primary beam traversing the N electrons which are effective in scattering. On combining this result with Eq. (25), we find for the intensity of the X-rays scattered at an angle θ with the incident beam,

$$I = I\frac{Ne^4}{2R^2m^2c^4}\frac{1 + \cos^2\theta + 2\alpha(1 + \alpha)(1 - \cos\theta)^2}{\{1 + \alpha(1 - \cos\theta)\}^5} \tag{27}$$

The calculation of the energy removed from the primary beam may now be made without difficulty. We have supposed that n quanta are scattered per second. But on comparing Eqs. (24) and (26), we find that

$$n = \frac{8\pi}{3}\frac{INe^4}{h\nu_0 m^2c^4(1 + 2\alpha)}.$$

The energy removed from the primary beam per second is $nh\nu_0$. If we define *the scattering absorption coefficient* as the fraction of the energy of the primary beam removed by the scattering process per unit length of path through the medium, it has the value

$$\sigma = \frac{nh\nu_0}{I} = \frac{8\pi}{3}\frac{Ne^4}{m^2c^4}\cdot\frac{1}{1 + 2\alpha} = \frac{\sigma_0}{1 + 2\alpha}, \tag{28}$$

where N is the number of scattering electrons per unit volume, and σ_0 is the scattering coefficient calculated on the basis of the classical theory.[1]

In order to determine the total energy truly scattered, we must integrate the scattered intensity over the surface of a sphere surrounding the scattering material, *i.e.*, $\epsilon_s = \int_0^\pi I_\theta \cdot 2\pi R^2 \sin\theta d\theta$. On substituting the value of I_θ from Eq. (27), and integrating, this becomes

$$\epsilon_s = \frac{8\pi}{3}\frac{INe^4}{m^2c^4}\frac{1 + \alpha}{(1 + 2\alpha)^2}.$$

[1] Cf. J. J. Thomson, "Conduction of Electricity through Gases," 2d ed., p. 325.

The *true scattering coefficient* is thus

$$\sigma_s = \frac{8\pi}{3}\frac{Ne^4}{m^2c^4}\frac{1+\alpha}{(1+2\alpha)^2} = \sigma_0\frac{1+\alpha}{(1+2\alpha)^2}. \tag{29}$$

It is clear that the difference between the total energy removed from the primary beam and that which reappears as scattered radiation is the energy of recoil of the scattering electrons. This difference represents, therefore, a type of true absorption resulting from the scattering process. The corresponding *coefficient of true absorption due to scattering* is

$$\sigma_a = \sigma - \sigma_s = \frac{8\pi}{3}\frac{Ne^4}{m^2c^4}\frac{\alpha}{(1+2\alpha)^2} = \sigma_0\frac{\alpha}{(1+2\alpha)^2}. \tag{30}$$

Experimental Test.

Let us now investigate the agreement of these various formulas with exper ments on the change of wave-length due to scattering, and on the magnitude of the scattering of X-rays and γ-rays by light elements.

Wave-length of the scattered rays.—If in Eq. (5) we substitute the accepted values of h, m, and c, we obtain

$$\lambda_\theta = \lambda_0 + 0.0484 \sin^2 \tfrac{1}{2}\theta, \tag{31}$$

if λ is expressed in Angström units. It is perhaps surprising that the increase should be the same for all wave-lengths. Yet, as a result of an extensive experimental study of the change in wave-length on scattering, the writer has concluded that "over the range of primary rays from 0.7 to 0.025 A, the wave-length of the secondary X-rays at 90° with the incident beam is roughly 0.03 A greater than that of the primary beam which excites it."[1] Thus the experiments support the theory in showing a wave-length increase which seems independent of the incident wave-length, and which also is of the proper order of magnitude.

A quantitative test of the accuracy of Eq. (31) is possible in the case of the characteristic K-rays from molybdenum when scattered by graphite. In Fig. 4 is shown a spectrum of the X-rays scattered by graphite at right angles with the primary beam, when the graphite is traversed by X-rays from a molybdenum target.[2] The solid line represents the spectrum of these scattered rays, and is to be compared with the broken line, which represents the spectrum of the primary rays, using the same slits and crystal, and the same potential on the tube. The primary spectrum is, of course, plotted on a much smaller scale than

[1] A. H. Compton, Bull. N. R. C., No. 20, p. 17 (1922).

[2] It is hoped to publish soon a description of the experiments on which this figure is based.

the secondary. The zero point for the spectrum of both the primary and secondary X-rays was determined by finding the position of the first order lines on both sides of the zero point.

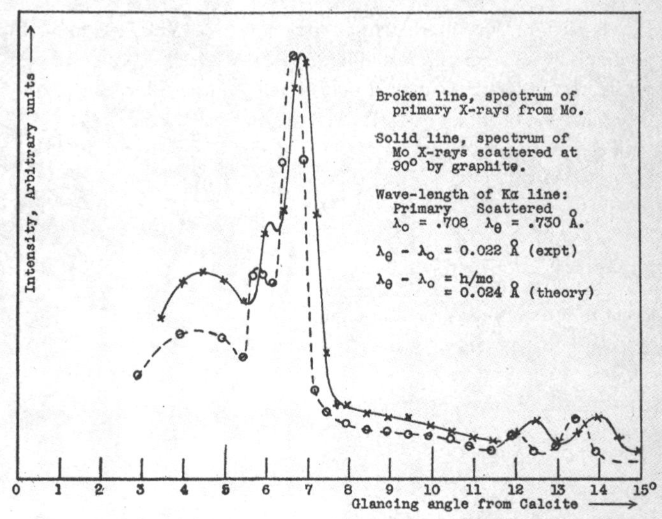

Fig. 4. Spectrum of molybdenum X-rays scattered by graphite, compared with the spectrum of the primary X-rays, showing an increase in wave-length on scattering.

It will be seen that the wave-length of the scattered rays is unquestionably greater than that of the primary rays which excite them. Thus the Kα line from molybdenum has a wave-length 0.708 A. The wave-length of this line in the scattered beam is found in these experiments, however, to be 0.730 A. That is,

$$\lambda_\theta - \lambda_0 = 0.022 \text{ A} \quad \text{(experiment)}.$$

But according to the present theory (Eq. 5),

$$\lambda_\theta - \lambda_0 = 0.0484 \sin^2 45° = 0.024 \text{ A} \quad \text{(theory)},$$

which is a very satisfactory agreement.

The variation in wave-length of the scattered beam with the angle is illustrated in the case of γ-rays. The writer has measured[1] the mass absorption coefficient in lead of the rays scattered at different angles when various substances are traversed by the hard γ-rays from RaC. The mean results for iron, aluminium and paraffin are given in column 2 of Table I. This variation in absorption coefficient corresponds to a

[1] A. H. Compton, Phil. Mag. 41, 760 (1921).

difference in wave-length at the different angles. Using the value given by Hull and Rice for the mass absorption coefficient in lead for wave-length 0.122, 3.0, remembering[1] that the characteristic fluorescent absorption τ/ρ is proportional to λ^3, and estimating the part of the absorption due to scattering by the method described below, I find for the wave-lengths corresponding to these absorption coefficients the values given in the fourth column of Table I. That this extrapolation is very

TABLE I

Wave-length of Primary and Scattered γ-rays

	Angle	μ/ρ	τ/ρ	λ obs.	λ calc.
Primary.........	0°	.076	.017	0.022 A	(0.022 A)
Scattered.........	45°	.10	.042	.030	0.029
"	90°	.21	.123	.043	0.047
"	135°	.59	.502	.068	0.063

nearly correct is indicated by the fact that it gives for the primary beam a wave-length 0.022 A. This is in good accord with the writer's value 0.025 A, calculated from the scattering of γ-rays by lead at small angles,[2] and with Ellis' measurements from his β-ray spectra, showing lines of wave-length .045, .025, .021 and .020 A, with line .020 the strongest.[3] Taking $\lambda_0 = 0.022$ A, the wave-lengths at the other angles may be calculated from Eq. (31). The results, given in the last column of Table I., and shown graphically in Fig. 5, are in satisfactory accord with the measured values. There is thus good reason for believing that Eq. (5) represents accurately the wave-length of the X-rays and γ-rays scattered by light elements.

Velocity of recoil of the scattering electrons.—The electrons which recoil in the process of the scattering of ordinary X-rays have not been observed. This is probably because their number and velocity is usually small compared with the number and velocity of the photoelectrons ejected as a result of the characteristic fluorescent absorption. I have pointed out elsewhere,[4] however, that there is good reason for believing that most of the secondary β-rays excited in light elements by the action of γ-rays are such recoil electrons. According to Eq. (6), the velocity of these electrons should vary from 0, when the γ-ray is scattered forward, to $v_{\max} = \beta_{\max}c = 2c\alpha[(1 + \alpha)/(1 + 2\alpha + 2\alpha^2)]$, when the γ-ray quantum

[1] Cf. L. de Broglie, Jour. de Phys. et Rad. **3**, 33 (1922); A. H. Compton, Bull. N. R. C., No. 20, p. 43 (1922).

[2] A. H. Compton, Phil. Mag. **41**, 777 (1921).

[3] C. D. Ellis, Proc. Roy. Soc. A, **101**, 6 (1922).

[4] A. H. Compton, Bull. N. R. C., No. 20, p. 27 (1922).

is scattered backward. If for the hard γ-rays from radium C, $\alpha = 1.09$, corresponding to $\lambda = 0.022$ A, we thus obtain $\beta_{max} = 0.82$. The effective velocity of the scattering electrons is, therefore (Eq. 8), $\bar{\beta} = 0.52$. These results are in accord with the fact that the average velocity of the

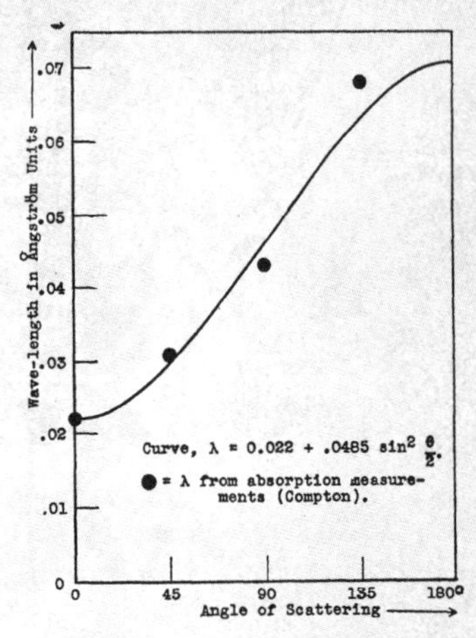

Fig. 5. The wave-length of scattered γ-rays at different angles with the primary beam, showing an increase at large angles similar to a Doppler effect.

β-rays excited by the γ-rays from radium is somewhat greater than half that of light.[1]

Absorption of X-rays due to scattering.—Valuable information concerning the magnitude of the scattering is given by the measurements of the absorption of X-rays due to scattering. Over a wide range of wave-lengths, the formula for the total mass absorption, $\mu/\rho = \kappa\lambda^3 + \sigma/\rho$, is found to hold, where μ is the linear absorption coefficient, ρ is the density, κ is a constant, and σ is the energy loss due to the scattering process. Usually the term $\kappa\lambda^3$, which represents the fluorescent absorption, is the more important; but when light elements and short wave-lengths are employed, the scattering process accounts for nearly all the energy loss. In this case, the constant κ can be determined by measurements on the longer wave-lengths, and the value of σ/ρ can then be estimated with considerable accuracy for the shorter wave-lengths from the observed values of μ/ρ.

Hewlett has measured the total absorption coefficient for carbon over a wide range of wave-lengths.[2] From his data for the longer wave-

[1] E. Rutherford, Radioactive Substances and their Radiations, p. 273.

[2] C. W. Hewlett, Phys. Rev. 17, 284 (1921).

lengths I estimate the value of κ to be 0.912, if λ is expressed in A. On subtracting the corresponding values of $\kappa\lambda^3$ from his observed values of μ/ρ, the values of σ/ρ represented by the crosses of Fig. 6 are obtained.

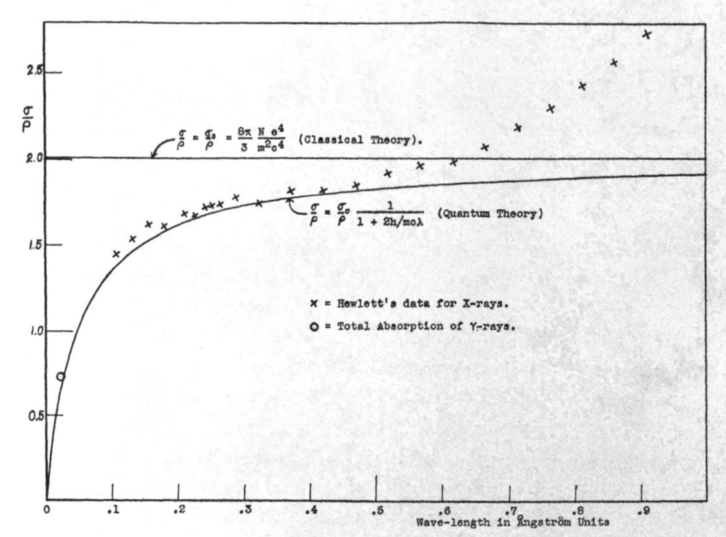

Fig. 6. The absorption in carbon due to scattering, for homogeneous X-rays.

The value of σ_0/ρ as calculated for carbon from Thomson's formula is shown by the horizontal line at $\sigma/\rho = 0.201$. The values of σ/ρ calculated from Eq. (28) are represented by the solid curve. The circle shows the experimental value of the total absorption of γ-rays by carbon, which on the present view is due wholly to the scattering process.

For wave-lengths less than 0.5 A, where the test is most significant, the agreement is perhaps within the experimental error. Experiments by Owen,[1] Crowther,[2] and Barkla and Ayers[3] show that at about 0.5 A the "excess scattering" begins to be appreciable, increasing rapidly in importance at the longer wave-lengths.[4] It is probably this effect which results in the increase of the scattering absorption above the theoretical value for the longer wave-lengths. Thus the experimental values of the absorption due to scattering seem to be in satisfactory accord with the present theory.

True absorption due to scattering has not been noticed in the case of

[1] E. A. Owen, Proc. Camb. Phil. Soc. **16**, 165 (1911).

[2] J. A. Crowther, Proc. Roy. Soc. **86**, 478 (1912).

[3] Barkla and Ayers, Phil. Mag. **21**, 275 (1911).

[4] Cf. A. H. Compton, Washington University Studies, **8**, 109 ff. (1921).

X-rays. In the case of hard γ-rays, however, Ishino has shown [1] that there is true absorption as well as scattering, and that for the lighter elements the true absorption is proportional to the atomic number. That is, this absorption is proportional to the number of electrons present, just as is the scattering. He gives for the true mass absorption coefficient of the hard γ-rays from RaC in both aluminium and iron the value 0.021. According to Eq. (30), the true mass absorption by aluminium should be 0.021 and by iron, 0.020, taking the effective wave-length of the rays to be 0.022 A. The difference between the theory and the experiments is less than the probable experimental error.

Ishino has also estimated the true mass scattering coefficients of the hard γ-rays from RaC by aluminium and iron to be 0.045 and 0.042 respectively.[2] These values are very far from the values 0.193 and 0.187 predicted by the classical theory. But taking $\lambda = 0.022$ A, as before, the corresponding values calculated from Eq. (29) are 0.040 and 0.038, which do not differ seriously from the experimental values.

It is well known that for soft X-rays scattered by light elements the total scattering is in accord with Thomson's formula. This is in agreement with the present theory, according to which the true scattering coefficient σ_s approaches Thomson's value σ_0 when $\alpha \equiv h/mc\lambda$ becomes small (Eq. 29).

The relative intensity of the X-rays scattered in different directions with the primary beam.—Our Eq. (27) predicts a concentration of the energy in the forward direction. A large number of experiments on the scattering of X-rays have shown that, except for the excess scattering at small angles, the ionization due to the scattered beam is symmetrical on the emergence and incidence sides of a scattering plate. The difference in intensity on the two sides according to Eq. (27) should, however, be noticeable. Thus if the wave-length is 0.7 A, which is probably about that used by Barkla and Ayers in their experiments on the scattering by carbon,[3] the ratio of the intensity of the rays scattered at 40° to that at 140° should be about 1.10. But their experimental ratio was 1.04, which differs from our theory by more than their probable experimental error.

It will be remembered, however, that our theory, and experiment also, indicates a difference in the wave-length of the X-rays scattered in different directions. The softer X-rays which are scattered backward are the more easily absorbed and, though of smaller intensity, may produce an

[1] M. Ishino, Phil. Mag. **33**, 140 (1917).
[2] M. Ishino, loc. cit.
[3] Barkla and Ayers, loc. cit.

ionization equal to that of the beam scattered forward. Indeed, if α is small compared with unity, as is the case for ordinary X-rays, Eq. (27) may be written approximately $I_\theta/I_\theta' = (\lambda_0/\lambda_\theta)^3$, where I_θ' is the intensity of the beam scattered at the angle θ according to the classical theory. The part of the absorption which results in ionization is however proportional to λ^3. Hence if, as is usually the case, only a small part of the X-rays entering the ionization chamber is absorbed by the gas in the chamber, the ionization is also proportional to λ^3. Thus if i_θ represents the ionization due to the beam scattered at the angle θ, and if i_θ' is the corresponding ionization on the classical theory, we have $i_\theta/i_\theta' = (I_\theta/I_\theta')(\lambda_\theta/\lambda_0)^3 = 1$, or $i_\theta = i_\theta'$. That is, to a first approximation, the ionization should be the same as that on the classical theory, though the energy in the scattered beam is less. This conclusion is in good accord with the experiments which have been performed on the scattering of ordinary X-rays, if correction is made for the excess scattering which appears at small angles.

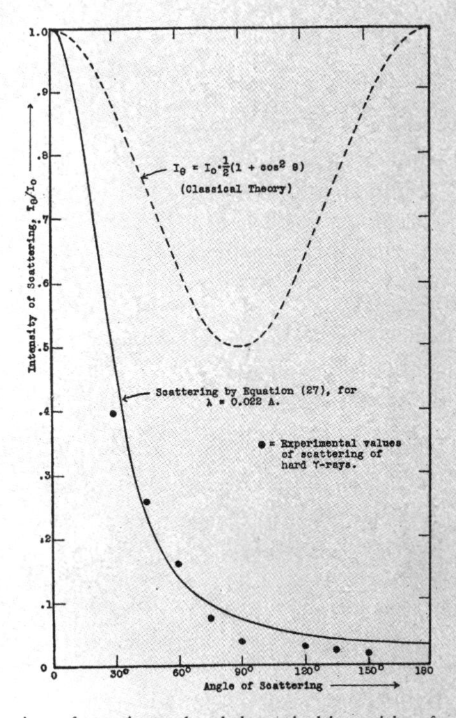

Fig. 7. Comparison of experimental and theoretical intensities of scattered γ-rays.

In the case of very short wave-lengths, however, the case is different. The writer has measured the γ-rays scattered at different angles by iron, using an ionization chamber so designed as to absorb the greater part of even the primary γ-ray beam.[1] It is not clear just how the ionization due to the γ-rays will vary with the wave-length under the conditions of the experiment, but it appears probable that the variation will not be great. If we suppose accordingly that the ionization measures the intensity of the scattered γ-ray beam, these data for the intensity are represented by the circles in Fig. 7. The experiments showed that the intensity at 90° was 0.074 times that predicted by the classical theory, or 0.037 I_0, where I_0 is the intensity of the scattering at the angle $\theta = 0$ as calculated on either the classical or the quantum theory. The absolute intensities of the scattered beam are accordingly plotted using I_0 as the unit. The solid curve shows the intensity in the same units, calculated according to Eq. (27). As before, the wave-length of the γ-rays is taken as 0.022 A. The beautiful agreement between the theoretical and the experimental values of the scattering is the more striking when one notices that there is not a single adjustable constant connecting the two sets of values.

Discussion

This remarkable agreement between our formulas and the experiments can leave but little doubt that the scattering of X-rays is a quantum phenomenon. The hypothesis of a large electron to explain these effects is accordingly superfluous, for all the experiments on X-ray scattering to which this hypothesis has been applied are now seen to be explicable from the point of view of the quantum theory without introducing any new hypotheses or constants. In addition, the present theory accounts satisfactorily for the change in wave-length due to scattering, which was left unaccounted for on the hypothesis of the large electron. From the standpoint of the scattering of X-rays and γ-rays, therefore, there is no longer any support for the hypothesis of an electron whose diameter is comparable with the wave-length of hard X-rays.

The present theory depends essentially upon the assumption that each electron which is effective in the scattering scatters a complete quantum. It involves also the hypothesis that the quanta of radiation are received from definite directions and are scattered in definite directions. The experimental support of the theory indicates very convincingly that a radiation quantum carries with it directed momentum as well as energy.

Emphasis has been laid upon the fact that in its present form the

[1] A. H. Compton, Phil. Mag. **41**, 758 (1921).

quantum theory of scattering applies only to light elements. The reason for this restriction is that we have tacitly assumed that there are no forces of constraint acting upon the scattering electrons. This assumption is probably legitimate in the case of the very light elements, but cannot be true for the heavy elements. For if the kinetic energy of recoil of an electron is less than the energy required to remove the electron from the atom, there is no chance for the electron to recoil in the manner we have supposed. The conditions of scattering in such a case remain to be investigated.

The manner in which interference occurs, as for example in the cases of excess scattering and X-ray reflection, is not yet clear. Perhaps if an electron is bound in the atom too firmly to recoil, the incident quantum of radiation may spread itself over a large number of electrons, distributing its energy and momentum among them, thus making interference possible. In any case, the problem of scattering is so closely allied with those of reflection and interference that a study of the problem may very possibly shed some light upon the difficult question of the relation between interference and the quantum theory.

Many of the ideas involved in this paper have been developed in discussion with Professor G. E. M. Jauncey of this department.

WASHINGTON UNIVERSITY,
SAINT LOUIS,
December 13, 1922

논문 웹페이지

위대한 논문과의 만남을 마무리하며

이 책은 플랑크의 양자론에 초점을 맞추었습니다. 플랑크가 양자론 최초의 논문(1900년)을 완성한 시점에서 그가 이 논문을 쓰기 위해 공부했던 열역학 이야기를 역사적으로 풀었습니다. 동시에 흑체복사 이론으로 플랑크가 사람들에게 알려주고 싶어 했던 것을 그의 논문으로 자세히 소개했습니다.

이 논문이 나온 이후 보어의 원자모형, 불확정성 원리, 슈뢰딩거 방정식은 이 시리즈의 다른 권에서 다룰 예정으로 이 책은 오직 플랑크의 최초 논문 해설과 역사적 배경에만 집중했습니다.

이 책을 쓰기 위해 19세기의 논문들을 찾아보았습니다. 지금과는 완전히 다른 용어와 기호들이 있었고, 특히 번역이 되어 있지 않은 자료가 많았지만 불문과를 졸업한 아내의 도움으로 프랑스 논문을 조금 더 이해할 수 있게 되었습니다.

여기에 잠시 더 이야기하자면 플랑크는 이 논문을 쓰기 전까지 열역학에 대해서 누구보다 많이 공부했습니다. 이 책에서 잠시 다루어진 열역학에 대한 이야기도 기회가 된다면 일반인을 대상으로 꼭 집필하고 싶습니다.

이 권을 끝내자마자 다시 원자모형을 발표한 톰슨과 러더퍼드, 보어의 논문을 들여다보며 이 시리즈를 계속 이어나갈 생각을 하니 즐거움이 앞섭니다. 바로 이 즐거움을 여러분도 함께 누렸으면 하는 바람입니다. 이제 플랑크 논문 이야기는 여기서 멈추고 다음 여정으로 출발하려 합니다. 이 책을 읽은 독자들도 플랑크와 더 가까워졌기를 기대합니다.

진주에서 정완상 교수

이 책을 위해 참고한 논문들

1장

[1] R. Boyle, “A Defence of the Doctrine Touching the Spring and Weight of the Air”, London, Thomas Robinson (1662).

[2] J. Gay-Lussac, “Recherches sur la dilatation des gaz et des vapeurs”, Annales de Chimie, XLIII: 137 (1802).

[3] Dalton, John (1808). A new system of chemical philosophy.

[4] L. Avogadro, Essai d'une manière de déterminer les masses relatives des molécules élémentaires des corps, et les proportions selon lesquelles elles entrent dans ces combinaisons, Jean-Claude Delamétherie's Journal de Physique, de Chimie et d'Histoire naturelle (1811).

[5] E. Clapeyron, “Mémoire sur la Puissance Motrice de la Chaleur”. Journal de l'Ecole Royale Polytechnique (in French). Paris: De l'Imprimerie Royale. Vingt-troisième cahier, Tome XIV: 153-190 (1834).

2장

[1] J. Joule, “On the Mechanical Equivalent of Heat”. Philosophical Transactions of the Royal Society of London. 140, 61-82 (1850).

[2] R.Clausius, "Ueber die bewegende Kraft der Wärme und die Gesetze, welche sich daraus für die Wärmelehre selbst ableiten lassen". Annalen der Physik. 79: 368-397 (1850).

[3] R.Clausius, "Ueber eine veränderte Form des zweiten Hauptsatzes der mechanischen Wärmetheoriein". Annalen der Physik und Chemie. 93 : 481-506 (1854).

[4] R.Clausius, "On a Modified Form of the Second Fundamental Theorem in the Mechanical Theory of Heat". Phil. Mag. 4: 81-98 (1856).

[5] R. Clausius, "Über die Art der Bewegung, die wir Wärme nennen", Annalen der Physik, 100: 353-379 (1857).

[6] R.Clausius, "Ueber die Wärmeleitung gasförmiger Körper", Annalen der Physik, 115: 1-57 (1862).

[7] R.Clausius, "Ueber verschiedene für die Anwendung bequeme Formen der Hauptgleichungen der mechanischen Wärmetheorie", Annalen der Physik, 125: 353-400 (1865).

3장

[1] G.Kirchhoff, "Ueber die Fraunhofer'schen Linien", Monatsbericht der Königlichen Preussische Akademie der Wissenschaften zu Berlin, 662-665 (1859).

[2] G. Kirchhoff, "Ueber das Sonnenspektrum" , Verhandlungen

des naturhistorisch-medizinischen Vereins zu Heidelberg 1 : 251-255 (1859).

[3] G. Kirchhoff, "Ueber die Fraunhofer'schen Linien". Annalen der Physik. 185 : 148-150 (1860).

[4] J.Stefan, "Über die Beziehung zwischen der Wärmestrahlung und der Temperatur", Mathematisch-Naturwissenschaftliche Classe 79: 391-428 (1879).

[5] G. Kirchhoff, Annalen der Physik: 109: 275-301 (1860).

[6] W.Wien, "Ueber die Fragen, welche die translatorische Bewegung des Lichtäthers betreffen" . Annalen der Physik. 301: 1-18 (1898).

[7] M. Planck, "Über eine Verbesserung der Wienschen Spektralgleichung", Verhandlungen der Deutschen Physikalischen Gesellschaft. 2, 202 (1900).

[8] M. Planck, "Zur Theorie des Gesetzes der Energieverteilung im Normalspectrum", Verhandlungen der Deutschen Physikalischen Gesellschaft. 2, 237 (1900).

[9] M. Planck, "Entropie und Temperatur strahlender Wärme", Annalen der Physik. 306, 719 (1900).

[10] M. Planck, "Ueber das Gesetz der Energieverteilung im Normalspektrum", Annalen der Physik. 309, 553 (1901).

4장

[1] M. Planck, "Ueber das Gesetz der Energieverteilung im Normalspektrum", Annalen der Physik. 309, 553(1901).

[2] F. Kurlbaum, Wied.Ann.65, 759(1898).

[3] O. Lummar and E.Pringsheim, Verhandl.Deutsch.Phys.Ges. 2, 176(1900).

5장

[1] Hertz, H. (1887). "Ueber sehr schnelle electrische Schwingungen". Annalen der Physik und Chemie. 267 (7): 421-448.

[2] Stoletov, A. (1888). "Sur une sorte de courants electriques provoques par les rayons ultraviolets". Comptes Rendus. CVI: 1149.

[3] Lenard, P. (1902). "Ueber die lichtelektrische Wirkung". Annalen der Physik. 313 (5): 149-198.

[4] Einstein, Albert (1905). "Über einen die Erzeugung und Verwandlung des Lichtes betreffenden heuristischen Gesichtspunkt", Annalen der Physik (in German). 17 (6): 132-148.

[5] Compton, Arthur H. (May 1923). "A Quantum Theory of the Scattering of X-Rays by Light Elements". Physical Review.

21 (5): 483-502.

[6] Einstein, Albert (1905). "Zur Elektrodynamik bewegter Körper" [On the Electrodynamics of Moving Bodies] (PDF). Annalen der Physik (in German). 17 (10): 891-921.

[7] M. Planck, Verh. Deutsch. Phys. Ges. 4 136 (1906).

수식에 사용하는 그리스 문자

대문자	소문자	읽기	대문자	소문자	읽기
A	α	알파(alpha)	N	ν	뉴(nu)
B	β	베타(beta)	Ξ	ξ	크시(xi)
Γ	γ	감마(gamma)	O	o	오미크론(omicron)
Δ	δ	델타(delta)	Π	π	파이(pi)
E	ε	엡실론(epsilon)	P	ρ	로(rho)
Z	ζ	제타(zeta)	Σ	σ	시그마(sigma)
H	η	에타(eta)	T	τ	타우(tau)
Θ	θ	세타(theta)	Y	υ	입실론(upsilon)
I	ι	요타(iota)	Φ	φ	피(phi)
K	$\varkappa$	카파(kappa)	X	χ	키(chi)
Λ	λ	람다(lambda)	Ψ	ψ	프시(psi)
M	μ	뮤(mu)	Ω	ω	오메가(omega)

노벨 물리학상 수상자들을 소개합니다

이 책에 언급된 노벨상 수상자는 이름 앞에 ★로 표시하였습니다.

연도	수상자	수상 이유
1901	빌헬름 콘라트 뢴트겐	그의 이름을 딴 놀라운 광선의 발견으로 그가 제공한 특별한 공헌을 인정하여
1902	헨드릭 안톤 로런츠	복사 현상에 대한 자기의 영향에 대한 연구를 통해 그들이 제공한 탁월한 공헌을 인정하여
	피터르 제이만	
1903	앙투안 앙리 베크렐	자발 방사능 발견으로 그가 제공한 탁월한 공로를 인정하여
	피에르 퀴리	앙리 베크렐 교수가 발견한 방사선 현상에 대한 공동 연구를 통해 그들이 제공한 탁월한 공헌을 인정하여
	마리 퀴리	
1904	★존 윌리엄 스트럿 레일리	가장 중요한 기체의 밀도에 대한 조사와 이러한 연구와 관련하여 아르곤을 발견한 공로
1905	필리프 레나르트	음극선에 대한 연구
1906	조지프 존 톰슨	기체에 의한 전기 전도에 대한 이론적이고 실험적인 연구의 큰 장점을 인정하여
1907	앨버트 에이브러햄 마이컬슨	광학 정밀 기기와 그 도움으로 수행된 분광 및 도량형 조사
1908	가브리엘 리프만	간섭 현상을 기반으로 사진적으로 색상을 재현하는 방법
1909	굴리엘무 마르코니	무선 전신 발전에 기여한 공로를 인정받아
	카를 페르디난트 브라운	
1910	요하네스 디데릭 판데르발스	기체와 액체의 상태 방정식에 관한 연구
1911	빌헬름 빈	열복사 법칙에 관한 발견
1912	닐스 구스타프 달렌	등대와 부표를 밝히기 위해 가스 어큐뮬레이터와 함께 사용하기 위한 자동 조절기 발명

1913	헤이커 카메를링 오너스	특히 액체 헬륨 생산으로 이어진 저온에서의 물질 특성에 대한 연구
1914	막스 폰 라우에	결정에 의한 X선 회절 발견
1915	윌리엄 헨리 브래그	X선을 이용한 결정 구조 분석에 기여한 공로
	윌리엄 로런스 브래그	
1916	수상자 없음	
1917	찰스 글러버 바클라	원소의 특징적인 뢴트겐 복사 발견
1918	★막스 플랑크	에너지 양자 발견으로 물리학 발전에 기여한 공로 인정
1919	요하네스 슈타르크	커낼선의 도플러 효과와 전기장에서 분광선의 분할 발견
1920	샤를 에두아르 기욤	니켈강 합금의 이상 현상을 발견하여 물리학의 정밀 측정에 기여한 공로를 인정하여
1921	★알베르트 아인슈타인	이론 물리학에 대한 공로, 특히 광전효과 법칙 발견
1922	닐스 보어	원자 구조와 원자에서 방출되는 방사선 연구에 기여
1923	로버트 앤드루스 밀리컨	전기의 기본 전하와 광전효과에 관한 연구
1924	칼 만네 예오리 시그반	X선 분광학 분야에서의 발견과 연구
1925	제임스 프랑크	전자가 원자에 미치는 영향을 지배하는 법칙 발견
	구스타프 헤르츠	
1926	장 바티스트 페랭	물질의 불연속 구조에 관한 연구, 특히 침전 평형 발견
1927	★아서 콤프턴	그의 이름을 딴 효과 발견
	찰스 톰슨 리스 윌슨	수증기 응축을 통해 전하를 띤 입자의 경로를 볼 수 있게 만든 방법
1928	오언 윌런스 리처드슨	열전자 현상에 관한 연구, 특히 그의 이름을 딴 법칙 발견
1929	루이 드브로이	전자의 파동성 발견
1930	찬드라세카라 벵카타 라만	빛의 산란에 관한 연구와 그의 이름을 딴 효과 발견
1931	수상자 없음	

1932	베르너 하이젠베르크	수소의 동소체 형태 발견으로 이어진 양자역학의 창시
1933	에르빈 슈뢰딩거 폴 디랙	원자 이론의 새로운 생산적 형태 발견
1934	수상자 없음	
1935	제임스 채드윅	중성자 발견
1936	빅토르 프란츠 헤스	우주 방사선 발견
	칼 데이비드 앤더슨	양전자 발견
1937	클린턴 조지프 데이비슨 조지 패짓 톰슨	결정에 의한 전자의 회절에 대한 실험적 발견
1938	엔리코 페르미	중성자 조사에 의해 생성된 새로운 방사성 원소의 존재에 대한 시연 및 이와 관련된 느린중성자에 의한 핵반응 발견
1939	어니스트 로런스	사이클로트론의 발명과 개발, 특히 인공 방사성 원소와 관련하여 얻은 결과
1940 1941 1942	수상자 없음	
1943	오토 슈테른	분자선 방법 개발 및 양성자의 자기 모멘트 발견에 기여
1944	이지도어 아이작 라비	원자핵의 자기적 특성을 기록하기 위한 공명 방법
1945	볼프강 파울리	파울리 원리라고도 불리는 배제 원리의 발견
1946	퍼시 윌리엄스 브리지먼	초고압을 발생시키는 장치의 발명과 고압 물리학 분야에서 그가 이룬 발견에 대해
1947	에드워드 빅터 애플턴	대기권 상층부의 물리학 연구, 특히 이른바 애플턴층의 발견
1948	패트릭 메이너드 스튜어트 블래킷	윌슨 구름상자 방법의 개발과 핵물리학 및 우주 방사선 분야에서의 발견
1949	유카와 히데키	핵력에 관한 이론적 연구를 바탕으로 중간자 존재 예측

연도	수상자	업적
1950	세실 프랭크 파월	핵 과정을 연구하는 사진 방법의 개발과 이 방법으로 만들어진 중간자에 관한 발견
1951	존 더글러스 콕크로프트	인위적으로 가속된 원자 입자에 의한 원자핵 변환에 대한 선구자적 연구
	어니스트 토머스 신턴 월턴	
1952	펠릭스 블로흐	핵자기 정밀 측정을 위한 새로운 방법 개발 및 이와 관련된 발견
	에드워드 밀스 퍼셀	
1953	프리츠 제르니커	위상차 방법 시연, 특히 위상차 현미경 발명
1954	막스 보른	양자역학의 기초 연구, 특히 파동함수의 통계적 해석
	발터 보테	우연의 일치 방법과 그 방법으로 이루어진 그의 발견
1955	윌리스 유진 램	수소 스펙트럼의 미세 구조에 관한 발견
	폴리카프 쿠시	전자의 자기 모멘트를 정밀하게 측정한 공로
1956	윌리엄 브래드퍼드 쇼클리	반도체 연구 및 트랜지스터 효과 발견
	존 바딘	
	월터 하우저 브래튼	
1957	양전닝	소립자에 관한 중요한 발견으로 이어진 소위 패리티 법칙에 대한 철저한 조사
	리정다오	
1958	파벨 알렉세예비치 체렌코프	체렌코프 효과의 발견과 해석
	일리야 프란크	
	이고리 탐	
1959	에밀리오 지노 세그레	반양성자 발견
	오언 체임벌린	
1960	도널드 아서 글레이저	거품 상자의 발명
1961	로버트 호프스태터	원자핵의 전자 산란에 대한 선구적인 연구와 핵자 구조에 관한 발견
	루돌프 뫼스바워	감마선의 공명 흡수에 관한 연구와 그의 이름을 딴 효과에 대한 발견

1962	레프 다비도비치 란다우	응집 물질, 특히 액체 헬륨에 대한 선구적인 이론
1963	유진 폴 위그너	원자핵 및 소립자 이론에 대한 공헌, 특히 기본 대칭 원리의 발견 및 적용을 통한 공로
	마리아 괴페르트 메이어	핵 껍질 구조에 관한 발견
	한스 옌젠	
1964	니콜라이 바소프	메이저-레이저 원리에 기반한 발진기 및 증폭기의 구성으로 이어진 양자 전자 분야의 기초 작업
	알렉산드르 프로호로프	
	찰스 하드 타운스	
1965	도모나가 신이치로	소립자의 물리학에 심층적인 결과를 가져온 양자전기역학의 근본적인 연구
	줄리언 슈윙거	
	리처드 필립스 파인먼	
1966	알프레드 카스틀레르	원자에서 헤르츠 공명을 연구하기 위한 광학적 방법의 발견 및 개발
1967	한스 알브레히트 베테	핵반응 이론, 특히 별의 에너지 생산에 관한 발견에 기여
1968	루이스 월터 앨버레즈	소립자 물리학에 대한 결정적인 공헌, 특히 수소 기포 챔버 사용 기술 개발과 데이터 분석을 통해 가능해진 다수의 공명 상태 발견
1969	머리 겔만	기본 입자의 분류와 그 상호 작용에 관한 공헌 및 발견
1970	한네스 올로프 예스타 알벤	플라즈마 물리학의 다양한 부분에서 유익한 응용을 통해 자기유체역학의 기초 연구 및 발견
	루이 외젠 펠릭스 네엘	고체 물리학에서 중요한 응용을 이끈 반강자성 및 강자성에 관한 기초 연구 및 발견
1971	데니스 가보르	홀로그램 방법의 발명 및 개발
1972	존 바딘	일반적으로 BCS 이론이라고 하는 초전도 이론을 공동으로 개발한 공로
	리언 닐 쿠퍼	
	존 로버트 슈리퍼	

1973	에사키 레오나	반도체와 초전도체의 터널링 현상에 관한 실험적 발견
	이바르 예베르	
	브라이언 데이비드 조지프슨	터널 장벽을 통과하는 초전류 특성, 특히 일반적으로 조지프슨 효과로 알려진 현상에 대한 이론적 예측
1974	마틴 라일	전파 천체물리학의 선구적인 연구: 라일은 특히 개구 합성 기술의 관찰과 발명, 그리고 휴이시는 펄서 발견에 결정적인 역할을 함
	앤터니 휴이시	
1975	오게 닐스 보어	원자핵에서 집단 운동과 입자 운동 사이의 연관성 발견과 이 연관성에 기초한 원자핵 구조 이론 개발
	벤 로위 모텔손	
	제임스 레인워터	
1976	버턴 릭터	새로운 종류의 무거운 기본 입자 발견에 대한 선구적인 작업
	새뮤얼 차오 충 팅	
1977	필립 워런 앤더슨	자기 및 무질서 시스템의 전자 구조에 대한 근본적인 이론적 조사
	네빌 프랜시스 모트	
	존 해즈브룩 밴블렉	
1978	표트르 레오니도비치 카피차	저온 물리학 분야의 기본 발명 및 발견
	★아노 앨런 펜지어스	우주 마이크로파 배경 복사의 발견
	로버트 우드로 윌슨	
1979	셸던 리 글래쇼	특히 약한 중성 전류의 예측을 포함하여 기본 입자 사이의 통일된 약한 전자기 상호 작용 이론에 대한 공헌
	압두스 살람	
	스티븐 와인버그	
1980	제임스 왓슨 크로닌	중성 K 중간자의 붕괴에서 기본 대칭 원리 위반 발견
	밸 로그즈던 피치	

1981	니콜라스 블룸베르헌	레이저 분광기 개발에 기여
	아서 레너드 숄로	
	카이 만네 뵈리에 시그반	고해상도 전자 분광기 개발에 기여
1982	케네스 게디스 윌슨	상전이와 관련된 임계 현상에 대한 이론
1983	수브라마니안 찬드라세카르	별의 구조와 진화에 중요한 물리적 과정에 대한 이론적 연구
	윌리엄 앨프리드 파울러	우주의 화학 원소 형성에 중요한 핵반응에 대한 이론 및 실험적 연구
1984	카를로 루비아	약한 상호 작용의 커뮤니케이터인 필드 입자 W와 Z의 발견으로 이어진 대규모 프로젝트에 결정적인 기여
	시몬 판데르 메이르	
1985	클라우스 폰 클리칭	양자화된 홀 효과의 발견
1986	에른스트 루스카	전자 광학의 기초 작업과 최초의 전자 현미경 설계
	게르트 비니히	스캐닝 터널링 현미경 설계
	하인리히 로러	
1987	요하네스 게오르크 베드노르츠	세라믹 재료의 초전도성 발견에서 중요한 돌파구
	카를 알렉산더 뮐러	
1988	리언 레더먼	뉴트리노 빔 방법과 뮤온 중성미자 발견을 통한 경입자의 이중 구조 증명
	멜빈 슈워츠	
	잭 스타인버거	
1989	노먼 포스터 램지	분리된 진동 필드 방법의 발명과 수소 메이저 및 기타 원자시계에서의 사용
	한스 게오르크 데멜트	이온 트랩 기술 개발
	볼프강 파울	
1990	제롬 프리드먼	입자 물리학에서 쿼크 모델 개발에 매우 중요한 역할을 한 양성자 및 구속된 중성자에 대한 전자의 심층 비탄성 산란에 관한 선구적인 연구
	헨리 웨이 켄들	
	리처드 테일러	

1991	피에르질 드젠	간단한 시스템에서 질서 현상을 연구하기 위해 개발된 방법을 보다 복잡한 형태의 물질, 특히 액정과 고분자로 일반화할 수 있음을 발견
1992	조르주 샤르파크	입자 탐지기, 특히 다중 와이어 비례 챔버의 발명 및 개발
1993	러셀 헐스	새로운 유형의 펄서 발견, 중력 연구의 새로운 가능성을 연 발견
	조지프 테일러	
1994	버트럼 브록하우스	중성자 분광기 개발
	클리퍼드 셜	중성자 회절 기술 개발
1995	마틴 펄	타우 렙톤의 발견
	프레더릭 라이너스	중성미자 검출
1996	데이비드 리	헬륨-3의 초유동성 발견
	더글러스 오셔로프	
	로버트 리처드슨	
1997	스티븐 추	레이저 광으로 원자를 냉각하고 가두는 방법 개발
	클로드 코엔타누지	
	윌리엄 필립스	
1998	로버트 로플린	부분적으로 전하를 띤 새로운 형태의 양자 유체 발견
	호르스트 슈퇴르머	
	대니얼 추이	
1999	헤라르뒤스 엇호프트	물리학에서 전기약력 상호작용의 양자 구조 규명
	마르티뉘스 펠트만	
2000	조레스 알표로프	정보 통신 기술에 대한 기초 작업(고속 및 광전자 공학에 사용되는 반도체 이종 구조 개발)
	허버트 크로머	
	잭 킬비	정보 통신 기술에 대한 기초 작업(집적 회로 발명에 기여)

2001	에릭 코넬	알칼리 원자의 희석 가스에서 보스–아인슈타인 응축 달성 및 응축 특성에 대한 초기 기초 연구
	칼 위먼	
	볼프강 케테를레	
2002	레이먼드 데이비스	천체물리학, 특히 우주 중성미자 검출에 대한 선구적인 공헌
	고시바 마사토시	
	리카르도 자코니	우주 X선 소스의 발견으로 이어진 천체 물리학에 대한 선구적인 공헌
2003	알렉세이 아브리코소프	초전도체 및 초유체 이론에 대한 선구적인 공헌
	비탈리 긴즈부르크	
	앤서니 레깃	
2004	데이비드 그로스	강한 상호작용 이론에서 점근적 자유의 발견
	데이비드 폴리처	
	프랭크 윌첵	
2005	로이 글라우버	광학 일관성의 양자 이론에 기여
	존 홀	광 주파수 콤 기술을 포함한 레이저 기반 정밀 분광기 개발에 기여
	테오도어 헨슈	
2006	존 매더	우주 마이크로파 배경 복사의 흑체 형태와 이방성 발견
	조지 스무트	
2007	알베르 페르	자이언트 자기 저항의 발견
	페터 그륀베르크	
2008	난부 요이치로	아원자 물리학에서 자발적인 대칭 깨짐 메커니즘 발견
	고바야시 마코토	자연계에 적어도 세 종류의 쿼크가 존재함을 예측하는 깨진 대칭의 기원 발견
	마스카와 도시히데	
2009	찰스 가오	광 통신을 위한 섬유의 빛 전송에 관한 획기적인 업적
	윌러드 보일	영상 반도체 회로(CCD 센서)의 발명
	조지 엘우드 스미스	

2010	안드레 가임	2차원 물질 그래핀에 관한 획기적인 실험
	콘스탄틴 노보셀로프	
2011	솔 펄머터	원거리 초신성 관측을 통한 우주 가속 팽창 발견
	브라이언 슈밋	
	애덤 리스	
2012	세르주 아로슈	개별 양자 시스템의 측정 및 조작을 가능하게 하는 획기적인 실험 방법
	데이비드 와인랜드	
2013	프랑수아 앙글레르	아원자 입자의 질량 기원에 대한 이해에 기여하고 최근 CERN의 대형 하드론 충돌기에서 ATLAS 및 CMS 실험을 통해 예측된 기본 입자의 발견을 통해 확인된 메커니즘의 이론적 발견
	피터 힉스	
2014	아카사키 이사무	밝고 에너지 절약형 백색 광원을 가능하게 한 효율적인 청색 발광 다이오드의 발명
	아마노 히로시	
	나카무라 슈지	
2015	가지타 다카아키	중성미자가 질량을 가지고 있음을 보여주는 중성미자 진동 발견
	아서 맥도널드	
2016	데이비드 사울레스	위상학적 상전이와 물질의 위상학적 위상에 대한 이론적 발견
	덩컨 홀데인	
	마이클 코스털리츠	
2017	라이너 바이스	LIGO 탐지기와 중력파 관찰에 결정적인 기여
	킵 손	
	배리 배리시	
2018	아서 애슈킨	레이저 물리학 분야의 획기적인 발명(광학 핀셋과 생물학적 시스템에 대한 응용)
	제라르 무루	레이저 물리학 분야의 획기적인 발명(고강도 초단파 광 펄스 생성 방법)
	도나 스트리클런드	

2019	제임스 피블스	우주의 진화와 우주에서 지구의 위치에 대한 이해에 기여(물리 우주론의 이론적 발견)
	미셸 마요르	우주의 진화와 우주에서 지구의 위치에 대한 이해에 기여(태양형 항성 주위를 공전하는 외계 행성 발견)
	디디에 쿠엘로	
2020	로저 펜로즈	블랙홀 형성이 일반 상대성 이론의 확고한 예측이라는 발견
	라인하르트 겐첼	우리 은하의 중심에 있는 초거대 밀도 물체 발견
	앤드리아 게즈	
2021	마나베 슈쿠로	복잡한 시스템에 대한 이해에 획기적인 기여(지구 기후의 물리적 모델링, 가변성을 정량화하고 지구 온난화를 안정적으로 예측)
	클라우스 하셀만	
	조르조 파리시	복잡한 시스템에 대한 이해에 획기적인 기여 (원자에서 행성 규모에 이르는 물리적 시스템의 무질서와 요동의 상호작용 발견)
2022	알랭 아스페	얽힌 광자를 사용한 실험, 벨 불평등 위반 규명 및 양자 정보 과학 개척
	존 클라우저	
	안톤 차일링거